斎藤 峻 著

数II・B

定理・公式

ポケットリファレンス

技術評論社

はじめに

　この「数Ⅱ・B　定理・公式ポケットリファレンス」は，センター試験レベルを意識して作られています．定理・公式のあとには必要に応じて例題が載っています．例題を解くことで基本的な定理・公式の使い方を身につけてください．また，入試において重要になる事項については，チャレンジ問題を載せました．実際の入試レベルの問題ですのでぜひ解いてみてください．

　定理・公式のポイント，例題・チャレンジ問題を解くにあたって重要な点や解き方のプロセスなどについて手書きの「メモ書き」を入れてあります．きちんと理解する助けになるはずですので，ぜひ参考にしてください．

　ポケットリファレンスという書名の通り，コンパクトな作りになっていますので毎日持って歩いて，「あれ，なんだったっけ？」とか「＋だっけ，−だっけ？」とかちょっとでもあやふやになったときに適宜参照してください．各項目には参照したときにチェックができる欄が設けてありますので，見るたびに印を付けて「あ〜，これ見るのもう3回目だ！」とか，自分の学習の定着度の目安にしてみてください．

　Ⅱ・Bは，学習内容が多く定理・公式もたくさん出てきます．また，センター試験においては大半の受験生にとって「時間との勝負」になります．早く正確に解くためには，ひとつひとつの事項がきちんと身に付いていなければなりません．このリファレンスを使って，それぞれの事項を盤石なものとし本番での高得点を目指してください．

目次 CONTENTS

はじめに ……………………………………………………………………………… 3
本書の見方・使い方 ………………………………………………………………… 16

数学 II

第1章 方程式・式と証明　17

1.1 二項定理 …………………………………………………………………… 18
- 001 二項定理 …………………………………………………………… 18
- 002 $(a+b+c)^n$ の展開 ……………………………………………… 19

1.2 整式の除法 ………………………………………………………………… 20
- 003 整式の除法 ………………………………………………………… 20

1.3 分数式 ……………………………………………………………………… 22
- 004 分数式 ……………………………………………………………… 22
- 005 分数式の性質 ……………………………………………………… 22

1.4 虚数 ………………………………………………………………………… 24
- 006 虚数単位 …………………………………………………………… 24
- 007 複素数 ……………………………………………………………… 24
- 008 複素数の相等 ……………………………………………………… 24
- 009 共役な複素数 ……………………………………………………… 25

1.5 複素数の四則演算 ………………………………………………………… 26
- 010 複素数の四則演算 ………………………………………………… 26

1.6 負の数の平方根 …………………………………………………………… 27
- 011 負の数の平方根 …………………………………………………… 27

1.7 判別式 ……………………………………………………………………… 28
- 012 判別式（Discriminant）………………………………………… 28

1.8 解と係数の関係 …………………………………………………………… 30

| 013 | 解と係数の関係 | 30 |
| 014 | 3次方程式の解と係数の関係 | 32 |

1.9 剰余の定理・因数定理

| 015 | 剰余の定理 | 34 |
| 016 | 因数定理 | 35 |

1.10 高次方程式の解法

| 017 | 高次方程式の解法 | 36 |

1.11 恒等式

| 018 | 整式の恒等式 | 39 |
| 019 | 係数比較法・数値代入法 | 39 |

1.12 等式の証明

| 020 | 等式の証明 | 41 |

1.13 不等式の証明

| 021 | 不等式の証明 | 43 |
| 022 | 相加平均・相乗平均 | 44 |

第2章 図形と方程式　47

2.1 内分点・外分点

| 023 | 分点 | 48 |
| 024 | 三角形の重心の座標 | 49 |

2.2 2直線の位置関係

| 025 | 2直線の位置関係（1） | 50 |
| 026 | 2直線の位置関係（2） | 50 |

2.3 点と直線の距離

| 027 | 点と直線の距離 | 52 |

2.4 2直線の交点を通る直線

| 028 | 2直線の交点を通る直線 | 54 |

2.5 円の方程式 ········ 55
- 029 円の方程式（標準形）········ 55
- 030 円の方程式（一般形）········ 56

2.6 円の接線の方程式 ········ 57
- 031 円の接線の方程式Ⅰ ········ 57
- 032 円の接線の方程式Ⅱ ········ 58

2.7 円と直線の位置関係 ········ 60
- 033 円と直線の位置関係 ········ 60

2.8 2円の交点を通る円 ········ 62
- 034 2円の交点を通る円 ········ 62

2.9 不等式の表す領域 ········ 63
- 035 不等式の表す領域 ········ 63

2.10 連立不等式の表す領域 ········ 65
- 036 連立不等式の表す領域 ········ 65

第3章 三角関数 67

3.1 弧度法 ········ 68
- 037 弧度法 ········ 68

3.2 三角関数の定義 ········ 69
- 038 三角関数の定義 ········ 69

3.3 三角関数の相互関係 ········ 71
- 039 三角関数の相互関係 ········ 71

3.4 三角関数の還元公式 ········ 74
- 040 $\theta + 2n\pi$ の三角関数 ········ 74
- 041 $-\theta$ の三角関数 ········ 74
- 042 $\theta + \dfrac{\pi}{2}$ の三角関数 ········ 74

目次

043 $\theta + \pi$ の三角関数 ……………………………………………………… 75

3.5 三角関数のグラフ（1） …………………………………………… 77
044 三角関数のグラフ（1） ………………………………………… 77

3.6 三角関数のグラフ（2） …………………………………………… 78
045 三角関数のグラフ（2） ………………………………………… 78

3.7 三角関数を含む方程式・不等式 ………………………………… 80
046 三角関数を含む方程式・不等式 ……………………………… 80

3.8 加法定理 …………………………………………………………… 83
047 加法定理 ………………………………………………………… 83

3.9 2倍角の公式 ……………………………………………………… 86
048 2倍角の公式 …………………………………………………… 86

3.10 半角の公式 ……………………………………………………… 88
049 半角の公式 ……………………………………………………… 88

3.11 3倍角の公式 …………………………………………………… 91
050 3倍角の公式 …………………………………………………… 91

3.12 三角関数の合成 ………………………………………………… 93
051 三角関数の合成 ………………………………………………… 93

3.13 積を和・差になおす公式 ……………………………………… 95
052 積を和・差になおす公式 ……………………………………… 95

3.14 和・差を積になおす公式 ……………………………………… 97
053 和・差を積になおす公式 ……………………………………… 97

第4章 指数関数・対数関数　　　　　　　　　　　　　　　　99

4.1 累乗根 …………………………………………………………… 100
054 累乗根 ………………………………………………………… 100

4.2 指数法則 ………………………………………………………… 101
055 指数法則 ……………………………………………………… 101

4.3 指数関数とそのグラフ　104
- 056 $y = a^x$ のグラフ　104

4.4 指数関数を含む方程式・不等式　107
- 057 指数関数を含む方程式・不等式　107

4.5 対数　109
- 058 対数　109

4.6 対数の性質　111
- 059 対数の性質　111

4.7 底の変換　113
- 060 底の変換　113

4.8 対数関数とそのグラフ　115
- 061 対数関数とそのグラフ　115

4.9 対数関数を含む方程式・不等式　118
- 062 対数関数を含む方程式・不等式　118

4.10 常用対数とその利用　122
- 063 常用対数　122
- 064 桁数と最高位の数字　122

第5章 微分と積分　125

5.1 極限の定義　126
- 065 極限の定義　126

5.2 極限の性質　128
- 066 極限の性質　128

5.3 微分係数の定義　129
- 067 微分係数の定義　129

5.4 導関数の定義　131
- 068 導関数の定義　131

5.5 微分公式 ... 132
069 微分公式 ... 132

5.6 接線の方程式 ... 134
070 接線の方程式 ... 134

5.7 導関数の符号と関数の増減 ... 137
071 導関数の符号と関数の増減 ... 137

5.8 増減表 ... 138
072 増減表 ... 138

5.9 極値 ... 140
073 極値 ... 140

5.10 2曲線が接する ... 143
074 2曲線が接する ... 143

5.11 3次関数の最大・最小 ... 144
075 3次関数の最大・最小 ... 144

5.12 原始関数 ... 145
076 原始関数 ... 145

5.13 不定積分 ... 146
077 不定積分 ... 146

5.14 定積分 ... 147
078 定積分の計算 ... 147

5.15 定積分の公式 ... 149
079 定積分の公式 ... 149

5.16 関数の決定 ... 153
080 関数の決定 ... 153

5.17 定積分と面積1 ... 156
081 面積（1） ... 156

5.18 定積分と面積2 ………………………………… 158
082 面積（2） ………………………………………… 158

数学B

第6章 数列　　　　　　　　　　　　　　　　　　161

6.1 数列とは ………………………………………… 162
083 数列とは ………………………………………… 162

6.2 等差数列 ………………………………………… 163
084 等差数列 ………………………………………… 163

6.3 等差数列の和 …………………………………… 164
085 等差数列の和 …………………………………… 164

6.4 等比数列 ………………………………………… 166
086 等比数列 ………………………………………… 166

6.5 等比数列の和 …………………………………… 168
087 等比数列の和 …………………………………… 168

6.6 等差中項・等比中項 …………………………… 170
088 等差中項・等比中項 …………………………… 170

6.7 和の記号Σ ……………………………………… 172
089 和の記号Σ ……………………………………… 172

6.8 Σ記号の性質 …………………………………… 173
090 Σ記号の性質 …………………………………… 173

6.9 累乗の和 ………………………………………… 174
091 累乗の和 ………………………………………… 174

6.10 $S-rS$をつくる ………………………………… 176
092 $S-rS$をつくる ………………………………… 176

6.11 階差数列 ………………………………………… 177
093 階差数列 ………………………………………… 177

6.12 第 k 項に n を含む数列の和 ···································· 179
- 094 第 k 項を表す一般式に n が含まれる数列の和 ···· 179

6.13 数列の和と一般項 ···································· 180
- 095 数列の和と一般項 ···································· 180

6.14 群数列 ···································· 182
- 096 群数列 ···································· 182

6.15 漸化式 ···································· 184
- 097 漸化式 ···································· 184

6.16 漸化式を解く（1） ···································· 185
- 098 漸化式を解く（1） ···································· 185

6.17 漸化式を解く（2） ···································· 186
- 099 漸化式を解く（2） ···································· 186

6.18 漸化式を解く（3） ···································· 187
- 100 漸化式を解く（3） ···································· 187

6.19 漸化式を解く（4） ···································· 189
- 101 漸化式を解く（4） ···································· 189

6.20 漸化式を解く（5） ···································· 193
- 102 漸化式を解く（5） ···································· 193

6.21 数学的帰納法 ···································· 195
- 103 数学的帰納法 ···································· 195

6.22 数学的帰納法の応用（1） ···································· 197
- 104 数学的帰納法の応用（1） ···································· 197

6.23 数学的帰納法の応用（2） ···································· 199
- 105 数学的帰納法の応用（2） ···································· 199

第7章 ベクトル　201

7.1 ベクトル …… 202
- 106 ベクトル …… 202
- 107 ベクトルの演算 …… 202
- 108 ベクトルの計算法則 …… 203
- 109 ベクトルの平行 …… 204

7.2 位置ベクトル …… 205
- 110 位置ベクトル …… 205
- 111 位置ベクトルの基本 …… 205
- 112 分点の位置ベクトル …… 205
- 113 三角形の重心の位置ベクトル …… 208

7.3 ベクトルの成分 …… 209
- 114 ベクトルの成分 …… 209
- 115 ベクトルの成分表示 …… 209
- 116 ベクトルの相等と成分 …… 209
- 117 ベクトルの大きさ …… 210
- 118 成分による計算 …… 210

7.4 共線条件 …… 213
- 119 共線条件（3点が一直線上にあるための条件） …… 213

7.5 一次独立 …… 214
- 120 一次独立 …… 214

7.6 ベクトルの内積 …… 216
- 121 ベクトルの内積の定義 …… 216
- 122 ベクトルの大きさ …… 216
- 123 ベクトルが垂直になる条件 …… 216
- 124 内積の演算規則 …… 216

目次

- **125** 内積の成分表示 …… 217
- **126** 2つのベクトルのなす角 …… 218
- **127** 三角形の面積 …… 219

7.7 図形の方程式 …… 221

- **128** 直線の媒介変数表示 …… 221
- **129** 2点を通る直線の方程式 …… 222
- **130** 内積を使った直線の方程式 …… 223
- **131** 円の方程式（1） …… 223
- **132** 円の方程式（2） …… 224

7.8 空間座標 …… 226

- **133** 空間座標 …… 226
- **134** 空間における2点間の距離 …… 227
- **135** 分点の座標 …… 228
- **136** 座標平面に平行な平面 …… 229

7.9 空間のベクトル …… 230

- **137** 空間のベクトル …… 230
- **138** 空間のベクトルの成分 …… 230
- **139** 空間のベクトルの成分表示 …… 230
- **140** ベクトルの成分と相等 …… 230
- **141** ベクトルの大きさ …… 231
- **142** 成分による計算 …… 231

7.10 空間の位置ベクトル …… 233

- **143** 位置ベクトル …… 233
- **144** 位置ベクトルの基本 …… 233
- **145** 分点の位置ベクトル …… 233
- **146** 三角形の重心の位置ベクトル …… 234

13

7.11 共面条件 ··· 236
- **147** 共線条件（3点が一直線上にあるための条件） ··· 236
- **148** 共面条件（4点が同一平面上にあるための条件） ··· 236

7.12 空間のベクトルの内積 ··· 241
- **149** 内積の定義 ··· 241
- **150** 大きさ ··· 241
- **151** 垂直になる条件 ··· 241
- **152** 内積の演算規則 ··· 241
- **153** 内積の成分表示 ··· 242
- **154** 2つのベクトルのなす角 ··· 242
- **155** 三角形の面積 ··· 242

7.13 図形の方程式 ··· 247
- **156** 直線の媒介変数表示 ··· 247
- **157** 球の方程式（1） ··· 249
- **158** 球の方程式（2） ··· 250

7.14 平面の方程式 ··· 252
- **159** 平面の方程式（1） ··· 252
- **160** 平面の方程式（2） ··· 252

第8章 確率分布と統計的な推測　　255

8.1 確率分布 ··· 256
- **161** 確率変数 ··· 256
- **162** 確率分布 ··· 256
- **163** 平均（期待値） ··· 257

8.2 確率分布の分散と標準偏差 ··· 260
- **164** 確率変数の分散と標準偏差 ··· 260
- **165** $aX+b$ の平均・分散・標準偏差 ··· 262

| 166 確率変数の和と積 | 263 |

8.3 二項分布 … 265
| 167 二項分布 | 265 |
| 168 二項分布の平均と標準偏差 | 266 |

8.4 連続的な確率変数 … 268
| 169 連続的な確率変数 | 268 |
| 170 連続的な確率変数の平均・分散・標準偏差 | 269 |

8.5 正規分布 … 271
171 正規分布	271
172 正規分布の平均・標準偏差	271
173 標準正規分布	272
174 正規分布の標準化	272
175 二項分布の正規分布による近似	273

8.6 母集団と標本 … 275
| 176 母集団と標本 | 275 |

8.7 母集団分布 … 277
| 177 母集団の変量とその分布 | 277 |

8.8 標本平均の分布 … 279
| 178 標本平均の分布 | 279 |

8.9 母集団の推定 … 281
| 179 母平均の推定 | 281 |

8.10 母比率の推定 … 282
| 180 母比率の推定 | 282 |

索引 … 287

本書の見方・使い方

本書はコンパクトな中に，数学Ⅱ・Bで扱う公式を180項目掲載しています．それぞれの項目には番号がついていて，チェックマークで進度を記録できるようになっています．また，例題やチャレンジ問題を解くことで，理解が深まり，力がつくようになっています．本文中には随所に書き込みがあり，重要なポイントやプラスアルファの知識を教えてくれます．

No.001 公式
公式欄には，公式番号とチェックマーク，公式名とその内容があります．チェックマークを利用することで，学習進度を記録することができます．

例題
例題で，公式の具体的な使い方を学習します．

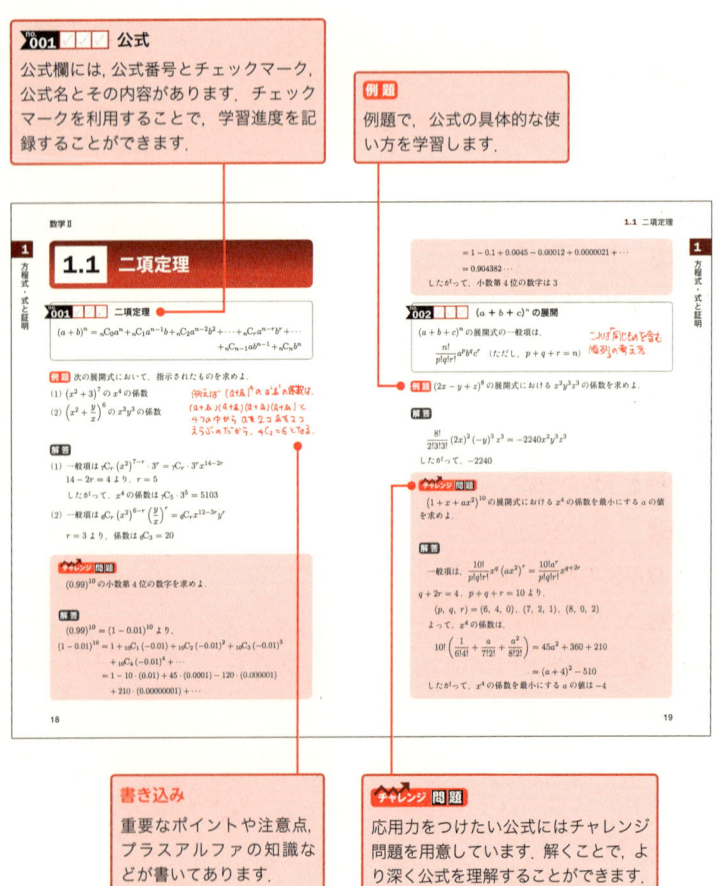

書き込み
重要なポイントや注意点，プラスアルファの知識などが書いてあります．

チャレンジ問題
応用力をつけたい公式にはチャレンジ問題を用意しています．解くことで，より深く公式を理解することができます．

数学Ⅱ

第1章 方程式・式と証明

数学II

1.1 二項定理

no.001 ☑☑☑ 二項定理

$(a+b)^n = {}_nC_0 a^n + {}_nC_1 a^{n-1}b + {}_nC_2 a^{n-2}b^2 + \cdots + {}_nC_r a^{n-r}b^r + \cdots$
$\qquad\qquad\qquad\qquad + {}_nC_{n-1}ab^{n-1} + {}_nC_n b^n$

例題 次の展開式において，指示されたものを求めよ．

(1) $(x^2+3)^7$ の x^4 の係数

(2) $\left(x^2+\dfrac{y}{x}\right)^6$ の x^3y^3 の係数

例えば $(a+b)^4$ の a^2b^2 の係数は，
$(a+b)(a+b)(a+b)(a+b)$ と
4つの中から a を2コ b を2コ
えらぶのだから、${}_4C_2 = 6$ となる。

解答

(1) 一般項は ${}_7C_r (x^2)^{7-r} \cdot 3^r = {}_7C_r \cdot 3^r x^{14-2r}$
  $14 - 2r = 4$ より，$r = 5$
  したがって，x^4 の係数は ${}_7C_5 \cdot 3^5 = 5103$

(2) 一般項は ${}_6C_r (x^2)^{6-r} \left(\dfrac{y}{x}\right)^r = {}_6C_r x^{12-3r} y^r$
  $r = 3$ より，係数は ${}_6C_3 = 20$

チャレンジ問題

$(0.99)^{10}$ の小数第 4 位の数字を求めよ．

解答

$(0.99)^{10} = (1-0.01)^{10}$ より，
$(1-0.01)^{10} = 1 + {}_{10}C_1(-0.01) + {}_{10}C_2(-0.01)^2 + {}_{10}C_3(-0.01)^3$
$\qquad\qquad\qquad + {}_{10}C_4(-0.01)^4 + \cdots$
$\qquad\quad = 1 - 10 \cdot (0.01) + 45 \cdot (0.0001) - 120 \cdot (0.000001)$
$\qquad\qquad + 210 \cdot (0.00000001) + \cdots$

$$= 1 - 0.1 + 0.0045 - 0.00012 + 0.0000021 + \cdots$$
$$= 0.904382\cdots$$
したがって，小数第 4 位の数字は 3

no. 002 $(a+b+c)^n$ の展開

$(a+b+c)^n$ の展開式の一般項は，
$$\frac{n!}{p!q!r!}a^p b^q c^r \quad (\text{ただし，} p+q+r=n)$$

（これは「同じものを含む順列」の考え方）

例題 $(2x-y+z)^8$ の展開式における $x^2 y^3 z^3$ の係数を求めよ．

解答

$$\frac{8!}{2!3!3!}(2x)^2(-y)^3 z^3 = -2240 x^2 y^3 z^3$$

したがって，-2240

チャレンジ問題

$(1+x+ax^2)^{10}$ の展開式における x^4 の係数を最小にする a の値を求めよ．

解答

一般項は，$\dfrac{10!}{p!q!r!}x^q(ax^2)^r = \dfrac{10! a^r}{p!q!r!}x^{q+2r}$

$q+2r=4$，$p+q+r=10$ より，
$$(p, q, r) = (6, 4, 0), (7, 2, 1), (8, 0, 2)$$

よって，x^4 の係数は，
$$10!\left(\frac{1}{6!4!} + \frac{a}{7!2!} + \frac{a^2}{8!2!}\right) = 45a^2 + 360 + 210$$
$$= (a+4)^2 - 510$$

したがって，x^4 の係数を最小にする a の値は -4

数学 II

1.2 整式の除法

no.003 整式の除法

整式 A を 0 でない整式 B で割ったときの商を Q, 余りを R とすると,
$$A = BQ + R \quad (ただし,\ R の次数 < B の次数) \quad 大切!!$$
※ $R = 0$ のとき,「A は B で割り切れる」という. また, このとき, B は A の**因数**であるという.

例えば, 2次式で割ると, 余りは高々1次式

例題

(1) 整式 P を整式 $x^2 + 2x + 1$ で割ると, 商が $x + 6$ で, 余りが $-4x + 5$ である.
　このとき整式 P を求めよ.

(2) $x^4 + 1$ を整式 P で割ると, 商が $x - 1$ で, 余りが $x^2 + x$ となった. 整式 P を求めよ.

解答

(1) $P = (x^2 + 2x + 1)(x + 6) - 4x + 5$
　　$= x^3 + 8x^2 + 9x + 11$

(2) $x^4 + 1 = P(x - 1) + x^2 + x$
　　$P(x - 1) = x^4 - x^2 - x + 1$
　　$P = x^3 + x^2 - 1$

チャレンジ問題

整式 $x^4 + ax^3 + ax^2 + bx - 6$ が整式 $x^2 - 2x + 1$ で割り切れるとき, a, b の値を求めよ.

解答

$x^2 - 2x + 1 = (x-1)^2$ より，整式 $x^4 + ax^3 + ax^2 + bx - 6$ は $x-1$ で2回割り切れることになる．$x^4 + ax^3 + ax^2 + bx - 6$ を $x-1$ で割ると，

$$
\begin{array}{r}
x^3 + (a+1)x^2 + (2a+1)x + 2a+b+1 \\
x-1 \overline{\smash{)}\, x^4 + ax^3 + ax^2 + bx - 6} \\
\underline{x^4 - x^3} \\
(a+1)x^3 + ax^2 \\
\underline{(a+1)x^3 - (a+1)x^2} \\
(2a+1)x^2 + bx \\
\underline{(2a+1)x^2 - (2a+1)x} \\
(2a+b+1)x - 6 \\
\underline{(2a+b+1)x - (2a+b+1)} \\
2a+b-5
\end{array}
$$

したがって，$2a+b-5 = 0 \cdots$ ①

商は $x^3 + (a+1)x^2 + (2a+1)x + 2a+b+1$ となる．これが $x-1$ で割り切れることより，

$$
\begin{array}{r}
x^2 + (a+2)x + 3a+3 \\
x-1 \overline{\smash{)}\, x^3 + (a+1)x^2 + (2a+1)x + 2a+b+1} \\
\underline{x^3 - x^2} \\
(a+2)x^2 + (2a+1)x \\
\underline{(a+2)x^2 - (a+2)x} \\
(3a+3)x + 2a+b+1 \\
\underline{(3a+3)x - (3a+3)} \\
5a+b+4
\end{array}
$$

したがって，$5a+b+4 = 0 \cdots$ ②

①，② より，$a = -3$，$b = 11$

もちろん x^2-2x+1 で割っても解ける．

1.3 分数式

no.004 分数式

A を整式, B を 1 次以上の整式としたとき, $\dfrac{A}{B}$ の形で表される式を「**分数式**」という. 整式と分数式をあわせて「**有理式**」という.

no.005 分数式の性質

(1) $C \neq 0$ の整式 C について, 分数式 $\dfrac{AC}{BC}$ は, $\dfrac{A}{B}$ と**約分**できる.

(2) 分数式の乗法・除法は,
$$\dfrac{A}{B} \times \dfrac{C}{D} = \dfrac{AC}{BD}$$
$$\dfrac{A}{B} \div \dfrac{C}{D} = \dfrac{AD}{BC}$$
となる.

(3) 分数式の加法・減法は, 分母が等しい整式となるように**通分**して計算する.

例題 次の式を約分せよ.

(1) $\dfrac{x^2 - x - 2}{3x^2 - 8x + 4}$ (2) $\dfrac{(a+b)^2 - c^2}{a^2 - (b-c)^2}$

積の形にする ⇔ 因数分解

1.3 分数式

解答

(1) $\dfrac{x^2 - x - 2}{3x^2 - 8x + 4} = \dfrac{(x-2)(x+1)}{(3x-2)(x-2)} = \dfrac{x+1}{3x-2}$

(2) $\dfrac{(a+b)^2 - c^2}{a^2 - (b-c)^2} = \dfrac{(a+b+c)(a+b-c)}{(a+b-c)(a-b+c)} = \dfrac{a+b+c}{a-b+c}$

例題 次の式を計算せよ．

(1) $\dfrac{a^2 + 5a + 6}{a^2 - 3a - 4} \times \dfrac{a+1}{a+3}$

(2) $\dfrac{x+1}{x^2 + 4x + 3} + \dfrac{x+2}{x^2 - x - 2}$

解答

(1) $\dfrac{a^2 + 5a + 6}{a^2 - 3a - 4} \times \dfrac{a+1}{a+3} = \dfrac{(a+2)(a+3)}{(a-4)(a+1)} \times \dfrac{a+1}{a+3}$

$= \dfrac{a+2}{a-4}$

(2) $\dfrac{x+1}{x^2 + 4x + 3} + \dfrac{x+2}{x^2 - x - 2} = \dfrac{x+1}{(x+1)(x+3)} + \dfrac{x+2}{(x+1)(x-2)}$

$= \dfrac{(x-2)(x+1) + (x+2)(x+3)}{(x+1)(x+3)(x-2)}$ ←通分する

$= \dfrac{2(x^2 + 2x + 2)}{(x+1)(x+3)(x-2)}$

数学Ⅱ

1.4 虚数

no. 006 虚数単位

2乗すると -1 となる数を記号「i」で表し，これを**虚数単位**とよぶ．
$$i^2 = -1$$

虚数は imaginary number だから「i」

no. 007 複素数

任意の実数 a, b を用いて表される数 $a+bi$ を**複素数**という．

複素数 $a+bi$ の a を「**実部**」，b を「**虚部**」という．

複素数 $a+bi$ について，

(1) $b=0$ のとき，$a+0i$ となり，これは実数 a である．

(2) $b \neq 0$ のとき，$a+bi$ を虚数という．

(3) $b \neq 0$ かつ $a=0$ のとき，$0+bi$，つまり bi となり，これを**純虚数**という．

複素数は complex number

no. 008 複素数の相等

a, b, c, d が実数の時，
$$a+bi = c+di \Leftrightarrow a=c \text{ かつ } b=d$$
$$a+bi = 0 \Leftrightarrow a=0 \text{ かつ } b=0$$

例題 次の等式を満たす実数 x, y を求めよ．
$$(1+2i)x + (3-4i)y = 6+5i$$

解答

与えられた等式を変形すると，
$$(x+3y)+(2x-4y)i = 6+5i$$

（実部：$x+3y$，虚部：$2x-4y$）

$x+3y$，$2x-4y$ は実数より，
$$\begin{cases} x+3y = 6 \\ 2x-4y = 5 \end{cases}$$

これを解いて，$x = \dfrac{39}{10}$，$y = \dfrac{7}{10}$

no. 009 共役な複素数

a, b が実数であるとき，複素数 $\alpha = a+bi$ に対して，$a-bi$ を「共役な複素数」といい，$\overline{\alpha}$ と表す．

例題 2つの複素数，について，次のことがらが成り立つことを示せ．
(1) $\overline{\alpha + \beta} = \overline{\alpha} + \overline{\beta}$ (2) $\overline{\alpha\beta} = \overline{\alpha}\,\overline{\beta}$

解答

$\alpha = a+bi$，$\beta = c+di$ (a, b, c, d は実数) とすると，
$$\overline{\alpha} = a-bi,\ \overline{\beta} = c-di$$

(1) $\alpha + \beta = (a+bi)+(c+di) = (a+c)+(b+d)i$
　　よって，$\overline{\alpha+\beta} = (a+c)-(b+d)i$
　　また，$\overline{\alpha}+\overline{\beta} = a-bi+c-di = (a+c)-(b+d)i$
　　したがって，$\overline{\alpha+\beta} = \overline{\alpha}+\overline{\beta}$

(2) $\alpha\beta = (a+bi)(c+di) = (ac-bd)+(ad+bc)i$
　　よって，$\overline{\alpha\beta} = (ac-bd)-(ad+bc)i$
　　また，$\overline{\alpha}\,\overline{\beta} = (a-bi)(c-di) = (ac-bd)-(ad+bc)i$
　　したがって，$\overline{\alpha\beta} = \overline{\alpha}\,\overline{\beta}$

数学II

1.5 複素数の四則演算

no.010 複素数の四則演算

a, b, c, d を実数とするとき，複素数の四則演算は，次のようになる．

(1) $(a+bi)+(c+di)=(a+c)+(b+d)i$
(2) $(a+bi)-(c+di)=(a-c)+(b-d)i$
(3) $(a+bi)(c+di)=(ac-bd)+(ad+bc)i$
(4) $\dfrac{a+bi}{c+di}=\dfrac{ac+bd}{c^2+d^2}+\dfrac{bc-ad}{c^2+d^2}i$ （ただし，$c+di \neq 0$）

除法については，分母の複素数と共役な複素数を分子分母にかけて分母を実数にして計算をしている． イメージは $\dfrac{1}{\sqrt{a}+\sqrt{b}}$ の有理化と同じ

例題 次の式を簡単にせよ．

(1) $(1+2i)+(3-4i)$ 　　(2) $(2+3i)-(1-2i)$
(3) $(1+2i)(3-2i)$ 　　(4) $\dfrac{2+3i}{1-2i}$

解答

(1) $(1+2i)+(3-4i)=(1+3)+(2-4)i=4-2i$
(2) $(2+3i)-(1-2i)=(2-1)+(3+2)i=1+5i$
(3) $(1+2i)(3-2i)=3+(-2+6)i-4\cdot(-1)=7+4i$
(4) $\dfrac{2+3i}{1-2i}=\dfrac{(2+3i)(1+2i)}{(1-2i)(1+2i)}=\dfrac{2+7i-6}{1+4}=\dfrac{-4+7i}{5}$

分子分母に共役な複素数 $1+2i$ をかけた

1.6 負の数の平方根

no.011 負の数の平方根

$a > 0$ のとき，$-a$ の平方根は，$\sqrt{a}\,i$ と $-\sqrt{a}\,i$ である．

例題 次の式を簡単にせよ．
(1) $\left(7 - \sqrt{-4}\right)\left(4 - \sqrt{-9}\right)$ (2) $5\sqrt{-3} \times 2\sqrt{-12}$
(3) $\left(1 - \sqrt{-3}\right)^3$

解答

(1) $\left(7 - \sqrt{-4}\right)\left(4 - \sqrt{-9}\right) = (7 - 2i)(4 - 3i)$
$= 28 - (8 + 21)i + 6 \cdot (-1) = 22 - 29i$

(2) $5\sqrt{-3} \times 2\sqrt{-12} = 5\sqrt{3}\,i \times 4\sqrt{3}\,i = 20 \cdot 3 \cdot (-1) = -60$

(3) $\left(1 - \sqrt{-3}\right)^3 = \left(1 - \sqrt{3}\,i\right)^3$

$= 1^3 - 3 \cdot 1^2 \cdot \sqrt{3}\,i + 3 \cdot 1 \cdot \left(\sqrt{3}\,i\right)^2 - \left(\sqrt{3}\,i\right)^3$
$= 1 - 3\sqrt{3}\,i - 9 + 3\sqrt{3}\,i$
$= -8$

1.7 判別式

no.012 判別式 (Discriminant)

2次方程式 $ax^2+bx+c=0$ において,b^2-4ac を「判別式」といい,記号 D で表す.

(1) $D>0$ のとき,異なる2つの実数解をもつ.
(2) $D=0$ のとき,重解をもつ.
(3) $D<0$ のとき,異なる2つの虚数解をもつ.

例題 $ax^2-2(a+1)x-3a+6=0$ の解を判別せよ.ただし,a は実数の定数である.

解答 「2次方程式」とは書いてないので $a=0$ と $a\neq 0$ の場合分けが必要

(i) $a=0$ のとき
$$-2x+6=0 \quad \therefore x=3$$
となりただ1つの実数解を持つ.

(ii) $a\neq 0$ のとき
$$D/4 = (a+1)^2 - a(-3a+6) = (2a-1)^2$$
$2a-1$ は実数より,(実数)$^2 \geq 0$

$2a-1=0 \Leftrightarrow a=\dfrac{1}{2}$ のとき実数の重解を持つ.

$2a-1\neq 0 \Leftrightarrow a\neq \dfrac{1}{2}$ のとき異なる2つの実数解を持つ.

以上より,$a=0$ のとき1つの実数解,$a=\dfrac{1}{2}$ のとき実数の重解,$a\neq 0$,$a\neq \dfrac{1}{2}$ のとき異なる2つの実数解

チャレンジ問題

実数係数の 3 つの方程式 $x^2+ax+b=0$, $x^2+bx+c=0$, $x^2+cx+d=0$ の係数の間に, $bc+2d=(a-2)(b+c)$ という関係が成り立つならば 3 つの方程式の少なくとも 1 つは実数解を持つことを証明せよ.

解答

$x^2+ax+b=0$ の判別式を D_1, $x^2+bx+c=0$ の判別式を D_2, $x^2+cx+d=0$ の判別式を D_3 とすると,

$D_1 = a^2 - 4b$
$D_2 = b^2 - 4c$
$D_3 = c^2 - 4d$

となる. このとき,

$D_1 + D_2 + D_3 = a^2 + b^2 + c^2 - 4b - 4c - 4d \cdots ①$

ここで, $bc+2d = (a-2)(b+c)$ より,

$bc + 2d = ab + ac - 2b - 2c$

$2b + 2c + 2d = ab + ac - bc$

①に代入して,

$$\begin{aligned} D_1 + D_2 + D_3 &= a^2 + b^2 + c^2 - 2ab - 2ac + 2bc \\ &= a^2 - 2(b+c)a + b^2 + 2bc + c^2 \\ &= a^2 - 2(b+c)a + (b+c)^2 \\ &= \{a - (b+c)\}^2 \geqq 0 \end{aligned}$$

3 つの実数 D_1, D_2, D_3 の和が 0 以上であることより, D_1, D_2, D_3 の少なくとも 1 つは 0 以上である.

したがって, 3 つの方程式のうち少なくとも 1 つは実数解を持つ.

数学II

1.8 解と係数の関係

no.013 解と係数の関係

2次方程式 $ax^2+bx+c=0$ の2つの解を α, β とすると,
$$\alpha+\beta=-\frac{b}{a} \quad \left(\text{マイナス}\frac{1次の係数}{2次の係数}\right) \text{と覚える}$$
$$\alpha\beta=\frac{c}{a} \quad \left(\frac{定数項}{2次の係数}\right)$$

例題 $2x^2-5x+4=0$ の2つの解を α, β とするとき, $\alpha+\dfrac{1}{\beta}$, $\beta+\dfrac{1}{\alpha}$ を解にもつ2次方程式をつくれ.

解答

解と係数の関係より,
$$\begin{cases} \alpha+\beta=\dfrac{5}{2} \\ \alpha\beta=2 \end{cases}$$

※解と係数の関係は、「基本対称式」の値を与える
→対称式の値を求められる.

したがって,
$$\left(\alpha+\frac{1}{\beta}\right)+\left(\beta+\frac{1}{\alpha}\right)=\alpha+\beta+\frac{\alpha+\beta}{\alpha\beta} \quad \leftarrow \frac{1}{\alpha}+\frac{1}{\beta}\text{を通分した}$$
$$=\frac{5}{2}+\frac{5}{4}$$
$$=\frac{15}{4}$$
$$\left(\alpha+\frac{1}{\beta}\right)\left(\beta+\frac{1}{\alpha}\right)=\alpha\beta+2+\frac{1}{\alpha\beta}$$
$$=2+2+\frac{1}{2}$$
$$=\frac{9}{2}$$

1.8 解と係数の関係

よって，求める方程式は，

$$x^2 - \frac{15}{4}x + \frac{9}{2} = 0 \Leftrightarrow 4x^2 - 15x + 18 = 0$$

基本的に整数係数にしておこう．

例題 2次方程式 $x^2 - px + q = 0$ の2つの解にそれぞれ1加えた数を解に持つ2次方程式が，$x^2 + qx + p = 0$ である．定数 p, q の値を求めよ．

解答

$x^2 - px + q = 0$ の2つの解を，α, β とすると，解と係数の関係より，

$$\begin{cases} \alpha + \beta = p & \cdots ① \\ \alpha\beta = q & \cdots ② \end{cases}$$

題意より，$x^2 + qx + p = 0$ の2つの解は $\alpha + 1$, $\beta + 1$ であるから，解と係数の関係より，

$$\begin{cases} \alpha + 1 + \beta + 1 = -q & \cdots ③ \\ (\alpha + 1)(\beta + 1) = p & \cdots ④ \end{cases}$$

$\alpha + \beta + 2 = -q$
$\alpha\beta + (\alpha + \beta) + 1 = p$

①，②を③，④に代入して，

$$\begin{cases} p + 2 = -q \\ q + p + 1 = p \end{cases}$$

これを解いて，$p = -1$, $q = -1$

チャレンジ問題

2次方程式 $x^2 + ax + a - 2 = 0$（a は実数）について，次の問いに答えよ．

(1) この方程式が常に2つの異なる実数解を持つことを示せ．

(2) この方程式の2つの異なる実数解を α, β $(\alpha < \beta)$ とする．$\alpha^2 + \beta^2$ が最小となるような a の値を求めよ．

(3) a が (2) で求めた値のとき，$\beta - \alpha$ の値を求めよ．

解答

(1) 判別式 $D = a^2 - 4(a-2) = (a-2)^2 + 4 > 0$

異なる2つの実数解
⇒ 判別式 $D > 0$

(2) 解と係数の関係より,
$$\begin{cases} \alpha + \beta = -a \\ \alpha\beta = a - 2 \end{cases}$$

よって,
$$\begin{aligned} \alpha^2 + \beta^2 &= (\alpha+\beta)^2 - 2\alpha\beta \\ &= a^2 - 2(a-2) \\ &= (a-1)^2 + 3 \end{aligned}$$

したがって, $a = 1$

(3) $a = 1$ のとき, $\alpha + \beta = -1$, $\alpha\beta = -1$ より,
$$\begin{aligned} (\beta - \alpha)^2 &= (\alpha+\beta)^2 - 4\alpha\beta \\ &= 1 + 4 \\ &= 5 \end{aligned}$$

$\beta - \alpha > 0$ より, $\beta - \alpha = \sqrt{5}$

$\alpha - \beta$ のように文字を入れかえると符号が逆になる式を交代式という

(交代式)^2 は対称式になる!

no.014 3次方程式の解と係数の関係

3次方程式 $ax^3 + bx^2 + cx + d = 0$ の3つの解を α, β, γ とするとき,

$$\alpha + \beta + \gamma = -\frac{b}{a}$$ （マイナス $\frac{2次の係数}{3次の係数}$）← 解の和

$$\alpha\beta + \beta\gamma + \gamma\alpha = \frac{c}{a}$$ （$\frac{1次の係数}{3次の係数}$）← 解の積和

$$\alpha\beta\gamma = -\frac{d}{a}$$ （マイナス $\frac{定数項}{3次の係数}$）← 解の積

が成り立つ.

これも3文字の基本対称式が与えられた

1.8 解と係数の関係

例題 3次方程式 $x^3+5x^2+6x-2=0$ の3つの解を α, β, γ とするとき，$\alpha^2+\beta^2+\gamma^2$，$\alpha^3+\beta^3+\gamma^3$ の値を求めよ．

解答 解と係数の関係より，
$$\begin{cases} \alpha+\beta+\gamma=-5 \\ \alpha\beta+\beta\gamma+\gamma\alpha=6 \\ \alpha\beta\gamma=2 \end{cases}$$
したがって，
$$\begin{aligned}\alpha^2+\beta^2+\gamma^2 &= (\alpha+\beta+\gamma)^2 - 2(\alpha\beta+\beta\gamma+\gamma\alpha) \\ &= (-5)^2 - 2\cdot 6 \\ &= 13 \\ \alpha^3+\beta^3+\gamma^3 &= (\alpha+\beta+\gamma)(\alpha^2+\beta^2+\gamma^2-\alpha\beta-\beta\gamma-\gamma\alpha) \\ &\quad + 3\alpha\beta\gamma \\ &= -5(13-6) + 3\cdot 2 \\ &= -29 \end{aligned}$$

チャレンジ問題 3次方程式 $x^3-px^2+11x-q=0$ が3つの連続する正の整数を解とするとき，p, q の値を求めよ．

解答 3つの解を $\alpha-1$, α, $\alpha+1$（α は2以上の整数）とすると，解と係数の関係より，
$$\begin{cases} \alpha-1+\alpha+\alpha+1=p & \cdots ① \\ (\alpha-1)\alpha+\alpha(\alpha+1)+(\alpha-1)(\alpha+1)=11 & \cdots ② \\ (\alpha-1)\alpha(\alpha+1)=q & \cdots ③ \end{cases}$$
②より，
$$3\alpha^2 - 1 = 11 \Leftrightarrow \alpha^2 = 4$$
$\alpha \geqq 2$ より，$\alpha=2$
①，③に代入して，
$$p=6, \quad q=6$$

数学II

1.9 剰余の定理・因数定理

no.015 剰余の定理

整式 $P(x)$ を $x-\alpha$ で割ったときの余りは，$P(\alpha)$ である．

例題 整式 $f(x)$ を $(x-1)$ で割ると -1 余り，$x+1$ で割ると 3 余る．$f(x)$ を x^2-1 で割ったときの余りを求めよ．

解答 $f(x) = (x^2-1)Q(x) + ax + b$ とすると，剰余の定理より，
$$f(1) = a + b = -1$$
$$f(-1) = -a + b = 3$$

2次式で割った余りは高々1次式
$x=1,-1$ を代入すると $(x^2-1)Q(x)$ は 0 になる

これを解いて，$a = -2$，$b = 1$．よって，余りは $-2x + 1$

チャレンジ問題 整式 $f(x)$ を $(x-1)^3$ で割った余りが $x^2 + 2x + 4$ のとき，$f(x)$ を $(x-1)^2$ で割った余りを求めよ．

また，$f(x)$ を $x+1$ で割った余りが 11 のとき，$f(x)$ を $(x-1)^2(x+1)$ で割った余りを求めよ．

解答 $f(x) = (x-1)^3 Q(x) + x^2 + 2x + 4$ とおける．
$f(x)$ を $(x-1)^2$ で割った余りは $x^2 + 2x + 4$ を $(x-1)^2$ で割った余りと一致するので，余りは $4x + 3$

$(x-1)^3$ は $(x-1)^2$ で割り切れる

このことより，
$$f(x) = (x-1)^2(x+1)Q'(x) + a(x-1)^2 + 4x + 3$$
とおける．ここで，$f(-1) = 11$ より，

3次式で割った余りは高々2次式
その2次式は $(x-1)^2$ で割ると $4x+3$ 余る

$$f(-1) = 4a - 4 + 3 = 11 \quad \therefore a = 3$$
よって，余りは，$3(x-1)^2 + 4x + 3 = 3x^2 - 2x + 6$

1.9 剰余の定理・因数定理

no. 016 因数定理

整式 $P(x)$ が $x-\alpha$ を因数にもつとき,$P(\alpha)=0$ である.

（手書き注）$x-\alpha$ でわりきれる ← → 余りが0

例題 $3x^4-17x^3+mx^2+nx+12$ が x^2-2x-3 で割り切れるとき,m,n の値を求めよ.

解答 $f(x)=3x^4-17x^3+mx^2+nx+12$ とすると,$x^2-2x-3=(x-3)(x+1)$ より,$f(3)=0$ かつ $f(-1)=0$ となる.したがって,

$$\begin{cases} 3\cdot 3^4-17\cdot 3^3+3^2 m+3n+12=0 \\ 3\cdot(-1)^4-17\cdot(-1)^3+(-1)^2 m+(-1)n+12=0 \end{cases}$$

$$\therefore \begin{cases} 3m+n=68 \\ m-n=-32 \end{cases}$$

これを解いて,$m=9$,$n=41$

チャレンジ問題 整式 x^3-px^2+3x+q が $(x+1)^2$ で割り切れるとき,p,q の値を求めよ.

解答 $f(x)=x^3-px^2+3x+q$ とすると,$(x+1)^2$ で割り切れることより,

$f(-1)=-1-p-3+q=0$ $\therefore q=p+4$ …①

これを代入して,

（手書き注）文字が2つで式が1つしかできないから工夫しなくてはいけない.

$f(x)=x^3-px^2+3x+p+4$
$\quad =x^3+3x+4-p(x+1)(x-1)$
$\quad =(x+1)(x^2-x+4)-p(x+1)(x-1)$
$\quad =(x+1)\{x^2-x+4-p(x-1)\}$

$f(x)$ が $(x+1)^2$ で割り切れることより,$g(x)=x^2-x+4-p(x-1)$ とすると,$g(x)$ は $x+1$ で割り切れる.したがって,

$g(-1)=1+1+4+2p=0$ $\therefore p=-3$

① より,$q=1$

（手書き注）$\dfrac{(x+1)\{x^2-x+4-p(x-1)\}}{(x+1)^2}$ → $x^2-x+4-p(x-1)$ が $x+1$ でわりきれる

1.10 高次方程式の解法

no.017 高次方程式の解法

3次以上の方程式 $P(x) = 0$ を解くとき，定数項の約数（符号は正負）を代入し，$P(\alpha) = 0$ となる α を見つけて因数分解をして解く．

※3次の項の係数が1以外の場合，つまり，$ax^3 + bx^2 + cx + d = 0$ の場合は $\dfrac{d \text{ の約数}}{a \text{ の約数}}$ を調べる．

例題 次の方程式を解け．

(1) $x^3 - 7x + 6 = 0$ (2) $2x^4 + 3x^3 + 2x^2 - 1 = 0$
(3) $(x^2 - 3x)^2 + 4x^2 = 12x + 21$ (4) $x^4 + x^2 + 1 = 0$

解答 特に指示のないときは，複素数の範囲で解く

(1) $x = 1$ を代入して，$1 - 7 + 6 = 0$

したがって，
$$(x - 1)(x^2 + x - 6) = 0$$
$$(x - 1)(x + 3)(x - 2) = 0$$
$$x = 1, \ -3, \ 2$$

(2) $x = -1$ を代入して，$2 - 3 + 2 - 1 = 0$

したがって，
$$(x + 1)(2x^3 + x^2 + x - 1) = 0$$

$2x^3 + x^2 + x - 1$ に $x = \dfrac{1}{2}$ を代入して，$\dfrac{1}{4} + \dfrac{1}{4} + \dfrac{1}{2} - 1 = 0$

したがって，

1.10 高次方程式の解法

$$(x+1)\left(x-\frac{1}{2}\right)(2x^2+2x+2)=0$$

$$x=-1,\ \frac{1}{2},\ \frac{-1\pm\sqrt{3}i}{2}$$

(3) $(x^2-3x)^2+4x^2=12x+21$ ※ せっかく (x^2-3x) があるのだから (x^2-3x) をつくれないかと考えること

$$(x^2-3x)^2+4(x^2-3x)-21=0$$

$$(x^2-3x+7)(x^2-3x-3)=0$$

$$x=\frac{3\pm\sqrt{19}i}{2},\ \frac{3\pm\sqrt{21}}{2}$$

(4) $x^4+x^2+1=0$ ※ 複2次式の因数分解

$$x^4+2x^2+1-x^2=0$$

$$(x^2+1)^2-x^2=0$$

$$(x^2+x+1)(x^2-x+1)=0$$

$$x=\frac{-1\pm\sqrt{3}i}{2},\ \frac{1\pm\sqrt{3}i}{2}$$

チャレンジ 問題

係数が実数である3次方程式
$$px^3-(2p-3)x^2+(p-2)x-1=0$$
が，1つの実数解と2つの虚数解
$$\beta=a+bi,\ \overline{\beta}=a-bi\ (a,\ b\text{ は実数})$$
をもつとき，次の問いに答えよ．

(1) 実数解 α を求めよ．また，p がとる値の範囲を求めよ．

(2) a^2+b^2 のとりうる値の範囲を求めよ．

(3) 2つの解 $\beta,\ \overline{\beta}$ が純虚数になる場合，p の値を求めよ．

解答

(1) $x=1$ を代入すると,
$p - 2p + 3 + p - 2 - 1 = 0$
したがって, $\alpha = 1$
方程式は,
$$(x-1)\{px^2 + (p-3)x + 1\} = 0$$
と因数分解できる. $px^2 + (p-3)x + 1 = 0$ の判別式 $D < 0$ より, 〔2つの虚数解をもつ〕

$$D = (p-3)^2 - 4p < 0$$
$$p^2 - 10p + 9 < 0$$
$$(p-1)(p-9) < 0$$
$$1 < p < 9$$

(2) 解と係数の関係より,
$$(a+bi)(a-bi) = \frac{1}{p}$$
$$a^2 + b^2 = \frac{1}{p}$$

より, $\dfrac{1}{9} < a^2 + b^2 < 1$

(3) $\beta, \overline{\beta}$ が純虚数になることより, $a = 0$
したがって, $px^2 + (p-3)x + 1 = 0$ の2解が $x = bi, -bi$ となることより, 解と係数の関係から,
$$bi - bi = \frac{p-3}{p}$$
$$0 = \frac{p-3}{p}$$
$$p = 3$$

1.11 恒等式

no.018 整式の恒等式

整式 $P(x)$, $Q(x)$ について，$P(x) = Q(x)$ が x についての恒等式であるとき，$P(x)$, $Q(x)$ の次数が等しい項の係数は一致する．

また，$P(x) = 0$ が x についての恒等式であるとき，$P(x)$ の各項の係数は 0 である．

no.019 係数比較法・数値代入法

ある等式が恒等式となるための条件を求める方法としては，次の 2 つがある．

(1) **係数比較法**

等式を降べきの順に整理し，各項の係数が左辺と右辺で等しくなるようにする．

(2) **数値代入法**

等式に適当な数を代入し，左辺と右辺が等しくなるようにする．

※ただし，数値代入法の場合は，<u>十分条件であることを示す必要がある</u>．

〔これを忘れないように！「十分性の Check!」〕

例題 次の等式が恒等式となるように，定数 a, b, c の値を定めよ．
(1) $2x^2 - 5 = a(x+1)^2 + b(x+1) + c$
(2) $6x + 12 = a(x+1)(x-1) + b(x-1)(x-2)$
$\qquad\qquad + c(x-2)(x+1)$

数学Ⅱ

1 方程式・式と証明

解答

(1) 右辺を展開して整理すると，
$$2x^2 - 5 = ax^2 + (2a+b)x + a + b + c$$
両辺の同じ次数の項の係数を比較して，
$$a = 2, \ b = -4, \ c = -3$$

(2) 等式の両辺に $x = 1, \ -1, \ 2$ を代入して，
$$\begin{cases} 18 = -2c \\ 6 = 6b \\ 24 = 3a \end{cases}$$
$a = 8, \ b = 1, \ c = -9$

逆に，これらの値を等式に代入すると，左辺＝右辺がなりたつ． ← これが十分性のcheck.
したがって，$a = 8, \ b = 1, \ c = -9$

チャレンジ問題

m と a は定数で $m \neq 0$，かつ $f(x)$ は 1 次式とする．
$f(mx + a) = x$ が x のどんな値に対しても成り立つならば，$f(x)$ はどんな式か．

解答   1次式の一般式

$f(x) = px + q$ とすると，$f(mx + a) = p(mx + a) + q$ より，
$$pmx + ap + q = x$$
これが x の恒等式となるので，
$$\begin{cases} pm = 1 \\ ap + q = 0 \end{cases}$$
したがって，$p = \dfrac{1}{m}, \ q = -\dfrac{a}{m}$ $\therefore \ f(x) = \dfrac{1}{m}x - \dfrac{a}{m}$

($m \neq 0$ より m で割ってよい)

1.12 等式の証明

no.020 等式の証明

等式 $A = B$ が成り立つことを示すには，
(1) A を変形して B になることを示す．
(2) A, B を変形してともに C になることを示す．
(3) $A - B = 0$ を示す．

※問題に応じて示しやすそうなものをえらべばよい

例題 次の等式が成り立つことを証明せよ．
(1) $(a^2 + b^2)(c^2 + d^2) = (ac + bd)^2 + (ad - bc)^2$
(2) $a + b + c = 0$ のとき，$a^2 - bc = b^2 - ca = c^2 - ab$
(3) $a^4 + b^4 = (a+b)^4 - 4ab(a+b)^2 + 2a^2b^2$

解答
(1) $(a^2 + b^2)(c^2 + d^2) = a^2c^2 + b^2d^2 + a^2d^2 + b^2c^2$
$= a^2c^2 + 2abcd + b^2d^2 + a^2d^2 - 2abcd + b^2c^2$
$= (ac + bd)^2 + (ad - bc)^2$

※右辺が和の平方，差の平方だから、かけて2倍の項をつくった．

したがって，$(a^2 + b^2)(c^2 + d^2) = (ac + bd)^2 + (ad - bc)^2$

(2) $a = -(b + c)$ より， ※条件から文字をへらす．
$a^2 - bc = \{-(b+c)\}^2 - bc = b^2 + bc + c^2$
$b^2 - ca = b^2 - c\{-(b+c)\} = b^2 + bc + c^2$
$c^2 - ab = c^2 - b\{-(b+c)\} = b^2 + bc + c^2$
したがって，$a^2 - bc = b^2 - ca = c^2 - ab$

数学 II

(3) 左辺 − 右辺 $= a^4 - 2a^2b^2 + b^4 - (a+b)^4 + 4ab(a+b)^2$

$= (a^2 - b^2)^2 - (a+b)^2 \{(a+b)^2 - 4ab\}$

$= (a^2 - b^2)^2 - (a+b)^2 (a-b)^2$ ← $\{(a+b)(a-b)\}^2$

$= (a^2 - b^2)^2 - (a^2 - b^2)^2$

$= 0$

したがって, $a^4 + b^4 = (a+b)^4 - 4ab(a+b)^2 + 2a^2b^2$

$(a+b)^4$ の展開はしたくないから, $(a+b)^4$ と $(a+b)^2$ に注目した.

1.13 不等式の証明

no. 021 不等式の証明

不等式 $A > B$ が成り立つことを示すには，$A - B$ が正になることを示す．このとき，

(1) 因数分解に持ち込む．
(2) 平方の和に持ち込む．

ことを考える．

例題 次の不等式を証明せよ．

(1) $(a^2 + b^2)(x^2 + y^2) \geqq (ax + by)^2$
(2) $a^2 + b^2 + c^2 \geqq bc + ca + ab$

解答

(1) 左辺 $-$ 右辺 $= (a^2 + b^2)(x^2 + y^2) - (ax + by)^2$
$= a^2x^2 + a^2y^2 + b^2x^2 + b^2y^2 - a^2x^2 - 2abxy - b^2y^2$
$= a^2y^2 - 2abxy + b^2x^2$
$= (ay - bx)^2 \geqq 0$

等号は，$ay = bx$ のときに限り成り立つ．　*等号条件には必ず言及すること*

(2) 左辺 $-$ 右辺 $= a^2 + b^2 + c^2 - bc - ca - ab$
$= \dfrac{1}{2}(2a^2 + 2b^2 + 2c^2 - 2bc - 2ca - 2ab)$　*この変形はよく出てくるので覚えておこう．*
$= \dfrac{1}{2}\{(a^2 - 2ab + b^2) + (b^2 - 2bc + c^2)$
$\qquad + (c^2 - 2ca + a^2)\}$
$= \dfrac{1}{2}\{(a - b)^2 + (b - c)^2 + (c - a)^2\} \geqq 0$

等号は $a = b = c$ のときに限り成り立つ．

1 方程式・式と証明

no. 022 相加平均・相乗平均

正の実数 a, b について,$\dfrac{a+b}{2}$ を相加平均,$\sqrt{ab}$ を相乗平均といい,

$$\dfrac{a+b}{2} \geqq \sqrt{ab} \quad (\text{等号は},\ a=b \text{のとき})$$

が成り立つ.

※ 正のときだけ使える → 「正」という条件がなければ,相加平均・相乗平均が使えるかどうかをまず考えてみる.

例題

(1) $a,\ b$ は正の数とする.次の不等式を証明せよ.

$$\left(a+\dfrac{1}{b}\right)\left(b+\dfrac{1}{a}\right) \geqq 4$$

(2) $a>0,\ b>0$ とするとき,次の不等式を証明せよ.

$$\left(a+\dfrac{1}{b}\right)\left(b+\dfrac{4}{a}\right) \geqq 9$$

解答

(1) $a>0,\ b>0$ より,相加平均と相乗平均の関係から,

$$a+\dfrac{1}{b} \geqq 2\sqrt{\dfrac{a}{b}},\quad b+\dfrac{1}{a} \geqq 2\sqrt{\dfrac{b}{a}}$$

2つの不等式の各辺は正であるから,辺々かけあわせて,

$$\left(a+\dfrac{1}{b}\right)\left(b+\dfrac{1}{a}\right) \geqq 4\sqrt{\dfrac{a}{b}\cdot\dfrac{b}{a}}$$

$$\left(a+\dfrac{1}{b}\right)\left(b+\dfrac{1}{a}\right) \geqq 4$$

等号は $a=\dfrac{1}{b}$ かつ $b=\dfrac{1}{a}$ のとき,すなわち $ab=1$ のときに限り成り立つ.

(2) 左辺 $= ab+\dfrac{4}{ab}+5$

ここで,$ab>0,\ \dfrac{4}{ab}>0$ より,相加平均と相乗平均の関係から,

1.13 不等式の証明

$$ab + \frac{4}{ab} \geq 2\sqrt{ab \cdot \frac{4}{ab}}$$

$$ab + \frac{4}{ab} + 5 \geq 2\sqrt{4} + 5$$

$$\left(a + \frac{1}{b}\right)\left(b + \frac{4}{a}\right) \geq 9$$

等号は，$ab = \dfrac{4}{ab}$，すなわち $ab = 2$ のときに限り成り立つ． (注)

(注) これを
$a + \dfrac{1}{b} \geq 2\sqrt{\dfrac{a}{b}}$ ……①, $b + \dfrac{4}{a} \geq 2\sqrt{\dfrac{4b}{a}} = 4\sqrt{\dfrac{b}{a}}$ ……②

∴ $\left(a + \dfrac{1}{b}\right)\left(b + \dfrac{4}{a}\right) \geq 8$ ……③

とやっては絶対にダメ！
なぜなら
①の等号条件は $a = \dfrac{1}{b} \Leftrightarrow ab = 1$
②の等号条件は $b = \dfrac{4}{a} \Leftrightarrow ab = 4$
であるから③の等号条件をみたす a, b は存在しないから．

チャレンジ問題

$x > 0$ のとき，関数 $y = 2x + \dfrac{8}{x+1}$ の最小値を求めよ．

数学Ⅱ

解答

$x > 0$ より，相加平均と相乗平均の関係から，

$$2x + 2 + \frac{8}{x+1} - 2 \geqq 2\sqrt{2(x+1) \cdot \frac{8}{x+1}} - 2$$

$$2x + 2 + \frac{8}{x+1} - 2 \geqq 8 - 2 = 6$$

等号は，$2x + 2 = \dfrac{8}{x+1}$ つまり，

$$(x+1)^2 = 4 \Leftrightarrow x = 1 \quad (x > 0)$$

のときに限り成り立つ．

よって，$x = 1$ のとき y は最小値 6 をとる．

数学 II

第 2 章 figure と方程式

数学II

2.1 内分点・外分点

no.023 分点

2点 $A(x_1, y_1)$, $B(x_2, y_2)$ を結ぶ線分 AB を

(1) $m:n$ に内分する点の座標は, $\left(\dfrac{nx_1+mx_2}{m+n}, \dfrac{ny_1+my_2}{m+n}\right)$ ← m,n をタスキにかける

(2) $m:n$ に外分する点の座標は, $\left(\dfrac{-nx_1+mx_2}{m-n}, \dfrac{-ny_1+my_2}{m-n}\right)$

例題 2点 $A(4, -5)$, $B(3, 9)$ を結ぶ線分 AB について, 次の座標を求めよ.

(1) 線分 AB を 3:4 に内分する点 C
(2) 線分 AB を 2:3 に外分する点 D ⇔ 2:(-3) にわける点..
(3) B の A に関する対称点 E
(4) AF を 3:2 に内分する点が B であるときの点 F

解答

(1) $C\left(\dfrac{4\times 4+3\times 3}{3+4}, \dfrac{-5\times 4+9\times 3}{3+4}\right) \Leftrightarrow \left(\dfrac{25}{7}, -1\right)$

(2) $D\left(\dfrac{4\times(-3)+3\times 2}{2-3}, \dfrac{(-5)\times(-3)+9\times 2}{2-3}\right) \Leftrightarrow (6, -33)$

(3) B の A に関する対称点 ⇔ 線分 AB を 1:2 に外分する点

$E\left(\dfrac{4\times(-2)+3\times 1}{1-2}, \dfrac{(-5)\times(-2)+9\times 1}{1-2}\right) \Leftrightarrow (5, -19)$

別解 A が BE の中点より, $E(a, b)$ とすると,

$\dfrac{3+b}{2}=4$, $\dfrac{9+b}{2}=-5$ より, $a=5$, $b=-19$ ∴ $(5, -19)$

(4) AF を $3:2$ に内分する点が B $\Leftrightarrow$ AB を $5:2$ に外分する点が F

$$F\left(\frac{4\times(-2)+3\times 5}{5-2},\ \frac{(-5)\times(-2)+9\times 5}{5-2}\right) \Leftrightarrow \left(\frac{7}{3},\ \frac{55}{3}\right)$$

別解 F$(c,\ d)$ とすると,
$$\frac{4\times 2+c\times 3}{3+2}=3,\ \frac{(-5)\times 2+d\times 3}{3+2}=9 \text{ より, } c=\frac{7}{3},\ d=\frac{55}{3}$$
$$\therefore \left(\frac{7}{3},\ \frac{55}{3}\right)$$

no.024 三角形の重心の座標

3 点 A$(x_1,\ y_1)$, B$(x_2,\ y_2)$, C$(x_3,\ y_3)$ を結んでできる三角形 ABC の重心の座標は,

$$\left(\frac{x_1+x_2+x_3}{3},\ \frac{y_1+y_2+y_3}{3}\right)$$ 3頂点の平均

例題 3 点 A$(3,\ 5)$, B$(-4,\ -2)$, C$(4,\ -3)$ が与えられている. 次の点の座標を求めよ.

(1) △ABC の重心 G の座標
(2) 平行四辺形 ABCD の頂点 D の座標

解答

(1) G$(a,\ b)$ とすると,
$$a=\frac{3-4+4}{3}=1,\ b=\frac{5-2-3}{3}=0 \quad \therefore \text{G}(1,\ 0)$$

(2) AC の中点を M とすると M$\left(\frac{7}{2},\ 1\right)$ である. D は BM を $2:1$ に外分する点だから, D$(c,\ d)$ とすると,
$$c=\frac{(-4)\times(-1)+\frac{7}{2}\times 2}{2-1}=11,\ d=\frac{(-2)\times(-1)+1\times 2}{2-1}=4$$
$$\therefore \text{D}(11,\ 4)$$

数学II

2.2 2直線の位置関係

no.025 2直線の位置関係（1）

2直線 $y = mx + n$, $y = m'x + n'$ があるとき,
(1) 平行 $\Leftrightarrow m = m'$ かつ $n \neq n'$
(2) 一致 $\Leftrightarrow m = m'$ かつ $n = n'$
(3) 垂直 $\Leftrightarrow mm' = -1$

no.026 2直線の位置関係（2）

2直線 $ax + by + c = 0$, $a'x + b'y + c' = 0$ があるとき,
(1) 平行 $\Leftrightarrow ab' - ba' = 0$　　$a:b = a':b' \Leftarrow ab' = a'b$
(2) 垂直 $\Leftrightarrow aa' + bb' = 0$

例題 次の直線の式を求めよ.
(1) 点 $(4, -2)$ を通り, $3x + 2y - 4 = 0$ に平行な直線
(2) 点 $(3, -1)$ を通り, $3x + 2y - 4 = 0$ に垂直な直線

解答
(1) $3x + 2y + c = 0$ に $(4, -2)$ を代入して,
$$12 - 4 + c = 0 \quad \therefore c = -8$$
よって, $3x + 2y - 8 = 0$
(2) $2x - 3y + d = 0$ に $(3, -1)$ を代入して,
$$6 + 3 + d = 0 \quad \therefore d = -9$$
したがって, $2x - 3y - 9 = 0$

点 (x_1, y_1) を通り $ax+by+c=0$ に
平行な直線 $a(x-x_1) + b(y-y_1) = 0$
垂直な直線 $b(x-x_1) - a(y-y_1) = 0$

別解
(1) $3(x - 4) + 2(y + 2) = 0 \Leftrightarrow 3x + 2y - 8 = 0$
(2) $2(x - 3) - 3(y + 1) = 0 \Leftrightarrow 2x - 3y - 9 = 0$

2.2 2直線の位置関係

例題 2点 A(1, −3), B(5, −5) を結ぶ線分の垂直二等分線の式を求めよ.

解答 AB の中点を M とすると, M(3, −4) となる. AB の傾きは
$\dfrac{-5-(-3)}{5-1} = -\dfrac{1}{2}$.

したがって, 点 (3, −4) を通り傾き 2 の直線の式を求めればよい.
$$y = 2(x-3) - 4 \Leftrightarrow y = 2x - 10$$

例題 直線 $x + 2y + 2 = 0$ …① がある.

(1) ①に関して点 A(1, 1) と対称な点 A' の座標を求めよ.
(2) 点 B(−3, 3) とするとき, ①上に点 P をとり, AP + PB の長さが最小になるようにしたい. このときの点 P の座標を求めよ.

解答

(1) 点 A を通り①に垂直な直線の式を求めると,
$$2(x-1) - (y-1) = 0$$
$$\Leftrightarrow 2x - y - 1 = 0 \text{ …②}$$

①, ②の交点を M とすると,
$\begin{cases} x + 2y + 2 = 0 \\ 2x - y - 1 = 0 \end{cases}$ を解いて,

M(0, −1)

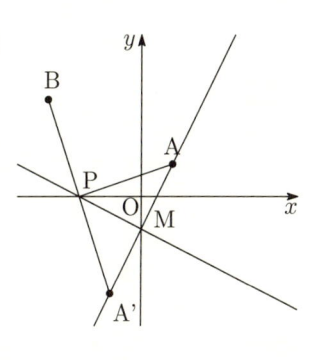

A' は AM を 2:1 に外分する点であるから, A'(−1, −3)

(2) P は線分 A'B と①との交点となる.

ここで, A'B の式は $3x + y + 6 = 0$ より,
$\begin{cases} 3x + y + 6 = 0 \\ x + 2y + 2 = 0 \end{cases}$ を解いて, P(−2, 0)

折れ線の最短もりは「対称点をとって、直線で結ぶ」

2.3 点と直線の距離

no. 027 点と直線の距離

点 (x_1, y_1) と直線 $ax+by+c=0$ の距離 d は，
$$d = \frac{|ax_1+by_1+c|}{\sqrt{a^2+b^2}}$$

分子：直線上にない点を代入
分母：x, yの係数の三平方

例題 次の問いに答えよ．
(1) 直線 $3x+y+5=0$ と点 $(1, 4)$ の距離を求めよ．
(2) 直線 $y=2x-1$ と点 $(2, -3)$ の距離を求めよ．

解答

(1) $\dfrac{|3\times 1 + 4 + 5|}{\sqrt{3^2+1^2}} = \dfrac{12}{\sqrt{10}}$

(2) $y=2x-1 \Leftrightarrow 2x-y-1=0$ より，
$\dfrac{|2\times 2-(-3)-1|}{\sqrt{2^2+1^2}} = \dfrac{6}{\sqrt{5}}$

例題 点 P が放物線 $y=-x^2+4x-3$ 上を動くとき，P から直線 $y=x+2$ への距離の最小値を求めよ．

解答

点 $P(p, -p^2+4p-3)$ とし，直線への距離を d とすると，

$$d = \frac{|p-(-p^2+4p-3)+2|}{\sqrt{1^2+1^2}}$$

$$= \frac{1}{\sqrt{2}}|p^2-3p+5|$$

$$= \frac{1}{\sqrt{2}}\left|\left(p-\frac{3}{2}\right)^2+\frac{11}{4}\right|$$

したがって，$p=\dfrac{3}{2}$ のとき最小値が $\dfrac{1}{\sqrt{2}} \times \dfrac{11}{4} = \dfrac{11\sqrt{2}}{8}$ となる．

例題 2直線 $y=\dfrac{3}{4}x$ と $y=\dfrac{12}{5}x$ のなす角の二等分線の方程式を求めよ．

解答

$y=\dfrac{3}{4}x \Leftrightarrow 3x-4y=0$，$y=\dfrac{12}{5}x \Leftrightarrow 12x-5y=0$．角の二等分線上にある点を (p, q) とすると，

$$\frac{|3p-4q|}{\sqrt{3^2+4^2}} = \frac{|12p-5q|}{\sqrt{12^2+5^2}}$$

$$13|3p-4q| = 5|12p-5q|$$

$$13(3p-4q) = \pm 5(12p-5q)$$

$13(3p-4q) = 5(12p-5q)$ より，$q=-\dfrac{7}{9}p$

$13(3p-4q) = -5(12p-5q)$ より，$q=\dfrac{9}{7}p$

したがって，$y=-\dfrac{7}{9}x$ と $y=\dfrac{9}{7}x$

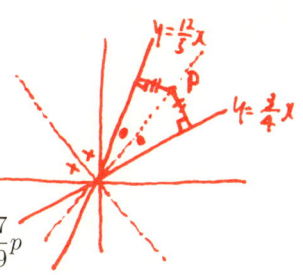

数学II

2.4 2直線の交点を通る直線

no.028 2直線の交点を通る直線

2直線 $\ell_1: a_1x + b_1y + c_1 = 0$, $\ell_2: a_2x + b_2y + c_2 = 0$ が交わるとき,交点を通る ℓ_2 以外の直線の方程式は,

$$(a_1x + b_1y + c_1) + k(a_2x + b_2y + c_2) = 0$$

の形に書ける.

例題 2直線 $\ell_1: x + 5y - 4 = 0$, $\ell_2: 3x - 2y - 6 = 0$ がある.
(1) ℓ_1, ℓ_2 の交点と点 $(3, 1)$ を通る直線の式を求めよ.
(2) ℓ_1, ℓ_2 の交点を通り, $2x - y = 0$ に平行な直線の式を求めよ.

解答
(1) 2直線の交点を通る直線の式は,

$$x + 5y - 4 + k(3x - 2y - 6) = 0 \cdots ①$$

と表すことができる.ここに $(3, 1)$ を代入して,

$$3 + 5 - 4 + k(9 - 2 - 6) = 0 \quad \therefore k = -4$$

したがって,

$$x + 5y - 4 - 4(3x - 2y - 6) = 0$$
$$11x - 13y - 20 = 0$$

もちろん交点を求めて、2点を通る直線としても求められるが…

(2) 条件より,①の傾きが2となる.ここで,①を変形して

$$x + 5y - 4 + 3kx - 2ky - 6k = 0$$
$$(1 + 3k)x + (5 - 2k)y - 4 - 6k = 0 \cdots ②$$

よって,傾きは $-\dfrac{1+3k}{5-2k}$ となるので,

$$-\dfrac{1+3k}{5-2k} = 2 \quad \therefore k = 11$$

②に代入して, $34x - 17y - 70 = 0$

2.5 円の方程式

no.029 円の方程式（標準形）

中心 $C(a, b)$, 半径が r の円の方程式は,
$$(x-a)^2 + (y-b)^2 = r^2$$
となる. 特に, 中心が原点, 半径が r の円の方程式は,
$$x^2 + y^2 = r^2$$
となる.

三平方の定理をやっていると思えばよい.

例題
次の円の方程式を求めよ.
(1) 点 $(3, -1)$ を中心とし, 点 $(2, 2)$ を通る円
(2) 2点 $(-3, 2)$, $(-1, 4)$ を直径の両端とする円

解答
(1) 半径は $\sqrt{(2-3)^2 + (2+1)^2} = \sqrt{10}$ より,
$$(x-3)^2 + \{y-(-1)\}^2 = \left(\sqrt{10}\right)^2$$
$$(x-3)^2 + (y+1)^2 = 10$$

(2) 中心の座標は2点を結ぶ線分の中点より, $(-2, 3)$ となる.
このことより, 半径は $\sqrt{(-1+2)^2 + (2-3)^2} = \sqrt{2}$ であるから,
$$\{x-(-2)\}^2 + (y-3)^2 = \left(\sqrt{2}\right)^2$$
$$(x+2)^2 + (y-3)^2 = 2$$

別解 $\{x-(-3)\}\{x-(-1)\}+(y-2)(y-4)=0$
$$x^2+4x+3+y^2-6y+8=0$$
$$(x+2)^2+(y-3)^2=2$$

(手書き) $(x_1,y_1)(x_2,y_2)$ を直径の両端とする円の方程式
$(x-x_1)(x-x_2)+(y-y_1)(y-y_2)=0$
ベクトルの内積を学んで見直してみれば腑に落ちるハズ

例題 2点 $(1, 1)$, $(2, 0)$ を通り, y 軸に接する円の方程式を求めよ.

解答 求める円の方程式は, $(x-a)^2+(y-b)^2=a^2$ とおける.
ここに $(1, 1)$, $(2, 0)$ を代入して, *(手書き)* 中心 (a,b) とすれば、半径は a
$$\begin{cases}(1-a)^2+(1-b)^2=a^2 \\ (2-a)^2+b^2=a^2\end{cases} \Leftrightarrow \begin{cases}-2a+b^2-2b+2=0 \cdots ① \\ -4a+b^2+4=0 \cdots ②\end{cases}$$
①×2−②より, $b^2-4b=0$ ∴ $b=0, 4$
したがって, $(a, b)=(1, 0), (5, 4)$
よって, 求める方程式は, $(x-1)^2+y^2=1$, $(x-5)^2+(y-4)^2=25$

no.030 円の方程式（一般形）

x, y についての 2 次方程式
$$x^2+y^2+Ax+By+C=0$$
のグラフは, 一般に円を表す.

例題 3点 $(0, 0)$, $(2, 4)$, $(3, 1)$ を通る円の方程式を求めよ.

解答 求める方程式を $x^2+y^2+ax+by+c=0$ とすると,
$$\begin{cases}c=0 & \text{(0,0)代入} \\ 4+16+2a+4b+c=0 & \text{(2,4)代入} \\ 9+1+3a+b+c=0 & \text{(3,1)代入}\end{cases}$$
これを解いて, $a=-2$, $b=-4$, $c=0$
したがって, $x^2+y^2-2x-4y=0$

2.6 円の接線の方程式

no. 031 円の接線の方程式 I

円 $x^2 + y^2 = r^2$ の周上の点 (x_1, y_1) における接線の方程式は，
$x_1 x + y_1 y = r^2$ である．

例題 $x^2 + y^2 = 25$ 上の点 $(3, -4)$ における接線の方程式を求めよ．

解答 $3x - 4y = 25$

例題 点 $(3, 1)$ から $x^2 + y^2 = 5$ にひいた接線の方程式を求めよ．

解答

接点の座標を (x_1, y_1) とすると，接線の方程式は，
$$x_1 x + y_1 y = 5 \cdots ①$$
となる．
この直線が点 $(3, 1)$ を通ることより，
$$3x_1 + y_1 = 5 \cdots ②$$
また，(x_1, y_1) は円周上の点より，
$$x_1^2 + y_1^2 = 5 \cdots ③$$
②より，$y_1 = 5 - 3x_1$ を③に代入して，
$$x_1^2 + (5 - 3x_1)^2 = 5$$
$$10x_1^2 - 30x_1 + 20 = 0$$
$$x_1^2 - 3x_1 + 2 = 0$$
$$x_1 = 1, 2$$
したがって，接点の座標は $(1, 2)$, $(2, -1)$ となる．これを①に代入して，$x + 2y = 5$, $2x - y = 5$

(手書きメモ: 周上の点を通る接線を考えるのが楽)

数学Ⅱ

別解

求める接線の方程式を $y = m(x-3)+1$ とすると，これを変形して，
$mx - y + 1 - 3m = 0$ …①

（傾きを m で点 $(3,1)$ を通る直線）

① が $x^2 + y^2 = 5$ に接するとき，中心 $(0, 0)$ との距離が $\sqrt{5}$ であるから，

$$\frac{|0-0+1-3m|}{\sqrt{m^2+1}} = \sqrt{5}$$

$$(1-3m)^2 = 5(m^2+1)$$

$$2m^2 - 3m - 2 = 0$$

$$m = 2, \ -\frac{1}{2}$$

$y = m(x-3)+1$

① に代入して，

$2x - y + 1 - 6 = 0 \Leftrightarrow 2x - y = 5$

$-\dfrac{1}{2}x - y + 1 + \dfrac{3}{2} = 0 \Leftrightarrow x + 2y = 5$

no. 032　円の接線の方程式 II

円 $(x-a)^2 + (y-b)^2 = r^2$ の周上の点 (x_1, y_1) における接線の方程式は，

$$(x_1-a)(x-a) + (y_1-b)(y-b) = r^2$$

である． $(x-a)^2+(y-b)^2=r^2$ を分解して

$(x-a)(x-a)+(y-b)(y-b)=r^2$　x, y の 1 つを x_1, y_1 に！

例題 円 $(x-1)^2 + (y-3)^2 = 10$ 上の点 $(2, 0)$ における接線の方程式を求めよ．

解答

$(2-1)(x-1) + (0-3)(y-3) = 10 \Leftrightarrow x - 3y = 2$

例題 点 $(3, 5)$ から円 $x^2 + y^2 + 4x - 6y + 9 = 0$ にひいた接線の方程式を求めよ．

解答

$x^2 + y^2 + 4x - 6y + 9 = 0 \Leftrightarrow (x+2)^2 + (y-3)^2 = 4$

2.6 円の接線の方程式

接点を (x_1, y_1) とすると，接線の方程式は，
$$(x_1+2)(x+2)+(y_1-3)(y-3)=4 \cdots ①$$
となる．点 $(3, 5)$ を代入して，
$$(x_1+2)(3+2)+(y_1-3)(5-3)=4 \Leftrightarrow y_1=-\frac{5}{2}x_1 \cdots ②$$
また，(x_1, y_1) は円周上の点より，
$$(x_1+2)^2+(y_1-3)^2=4 \cdots ③$$
②を③に代入して，
$$(x_1+2)^2+\left(-\frac{5}{2}x_1-3\right)^2=4$$
$$29{x_1}^2+76x_1+36=0$$
$$x_1=-2,\ -\frac{18}{29}$$
したがって，接点の座標は 2 $(-2,\ 5)$，$\left(-\dfrac{18}{29},\ \dfrac{45}{29}\right)$ となる．これを①に代入して，
$$y=5,\ 20x-21y+45=0$$

別解 求める接線の方程式を $y=m(x-3)+5$ とすると，これを変形して，
$$mx-y-3m+5=0 \cdots ①$$
①が $(x+2)^2+(y-3)^2=4$ に接するとき，中心 $(-2,\ 3)$ との距離が 2 であるから，
$$\frac{|-2m-3-3m+5|}{\sqrt{m^2+1}}=2$$
$$(-5m+2)^2=4\left(m^2+1\right)$$
$$21m^2-20m=0$$
$$m=0,\ \frac{20}{21}$$
①に代入して，
$$0-y-0+5=0 \Leftrightarrow y=5$$
$$\frac{20}{21}x-y-\frac{20}{7}+5=0 \Leftrightarrow 20x-21y+45=0$$

2.7 円と直線の位置関係

no.033 円と直線の位置関係

円と直線の位置関係は，円の中心と直線との距離が，

(1) 半径より短い $\Leftrightarrow$ 2点で交わる
(2) 半径に等しい $\Leftrightarrow$ 接する
(3) 半径より長い $\Leftrightarrow$ 共有点なし

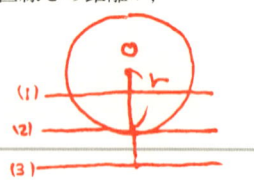

例題 円 $x^2+y^2-6x-2y+6=0$ と直線 $3x+4y-a=0$ の位置関係について，a の値で分類せよ．

解答 $x^2+y^2-6x-2y+6=0 \Leftrightarrow (x-3)^2+(y-1)^2=4$ より，中心の座標が $(3, 1)$，半径が 2 である．

中心と直線 $3x+4y-a=0$ の距離を d とすると，
$$d = \frac{|9+4-a|}{\sqrt{3^2+4^2}} = \frac{|13-a|}{5}$$

(i) 2点で交わるとき，$d<2$

$$\frac{|13-a|}{5} < 2$$
$$|13-a| < 10$$
$$-10 < 13-a < 10$$
$$3 < a < 23$$

(ii) 接するとき，$d=2$

$$\frac{|13-a|}{5} = 2$$
$$a = 3,\ 23$$

(iii) 共有点を持たないとき，$d>2$

$$\frac{|13-a|}{5} > 2$$

2.7 円と直線の位置関係

$a > 23$, $a < 3$

したがって，$3 < a < 23$ のとき 2 点で交わる．

$a = 3$ または $a = 23$ のとき接する．

$a > 23$ または $a < 3$ のとき共有点を持たない．

例題 点 A$(-4, 2)$ を通る直線のうち，円 $x^2 + y^2 = 9$ によって切り取られる弦の長さが $2\sqrt{7}$ であるような直線の方程式を求めよ．

解答 直線の方程式を

$y = m(x+4) + 2 \Leftrightarrow mx - y + 4m + 2 = 0$

とする．

円と直線の交点を B，C とし，中心 O から BC に下した垂線の足を H とする．

このとき，H は BC の中点であるから，(△OBC は 2 等辺 3 角形)

$\text{BH} = \dfrac{1}{2}\text{BC} = \sqrt{7}$

となる．△OBH で三平方の定理より，

$9 = 7 + \text{OH}^2 \quad \text{OH} = \sqrt{2}$

よって，中心 O$(0, 0)$ から直線までの距離が $\sqrt{2}$ であるから，

$\dfrac{|4m+2|}{\sqrt{m^2+1}} = \sqrt{2}$

$4(2m+1)^2 = 2(m^2+1)$

$7m^2 + 8m + 1 = 0$

$m = -1, \ -\dfrac{1}{7}$

したがって，求める直線の方程式は，

$y = -(x+4) + 2 \Leftrightarrow y = -x - 2$

$y = -\dfrac{1}{7}(x+4) + 2 \Leftrightarrow y = -\dfrac{1}{7}x + \dfrac{10}{7}$

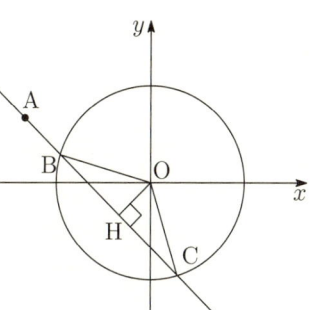

数学II

2.8 2円の交点を通る円

no.034 2円の交点を通る円

2つの円 $C_1: x^2+y^2+Ax+By+C=0$, $C_2: x^2+y^2+A'x+B'y+C'=0$ の交点を通る円は,

$$(x^2+y^2+Ax+By+C)+k(x^2+y^2+A'x+B'y+C')=0 \quad (\text{ただし},\ k \neq -1)$$

の形に書ける.

← x^2, y^2 が消えて1次式になる.

※ $k=-1$ のときは,2つの円の交点を通る直線を表す.

例題 2円 $x^2+y^2+6x+2y+6=0$ …①, $x^2+y^2=5$ …② について,次の問いに答えよ.

(1) ①,②の交点を通る直線の方程式を求めよ.
(2) ①,②の交点と原点を通る円の方程式を求めよ.

解答

(1) $x^2+y^2+6x+2y+6+k(x^2+y^2-5)=0$ に $k=-1$ を代入して,

$$x^2+y^2+6x+2y+6-x^2-y^2+5=0$$
$$6x+2y+11=0$$

(2) $x^2+y^2+6x+2y+6+k(x^2+y^2-5)=0$ に $x=y=0$ を代入して,

$$6-5k=0 \quad \therefore\ k=\frac{6}{5}$$

$$x^2+y^2+6x+2y+6+\frac{6}{5}(x^2+y^2-5)=0$$

$$11x^2+11y^2+30x+10y=0$$

指示がなければ一般形のままでよい.

2.9 不等式の表す領域

no.035 不等式の表す領域

直線 $y = mx + n$ を ℓ とするとき,
- 不等式 $y > mx + n$ の表す領域は, 直線 ℓ の上側
- 不等式 $y < mx + n$ の表す領域は, 直線 ℓ の下側

円 $(x-a)^2 + (y-b)^2 = r^2$ を C とするとき,
- 不等式 $(x-a)^2 + (y-b)^2 > r^2$ の表す領域は, 円 C の外側
- 不等式 $(x-a)^2 + (y-b)^2 < r^2$ の表す領域は, 円 C の内側

ある不等式が与えられて, その不等式が表す領域を考えるときは, 具体的な点を1点適当にとり,

- その点が不等式を満たせば, その点が含まれる側
- その点が不等式を満たさなければ, その点が含まれない側

と考える. これが大切!!

例えば, $y > x + 3$ の表す領域を求めることを考える.

$(1, 5)$ を代入すると,

$5 > 1 + 3$

となり, この不等式が成り立つので $(1, 5)$ を含む側であることが分かる.

(0,0)代入したとすると, 0<0+3 となるので(0,0)を含まない側となる

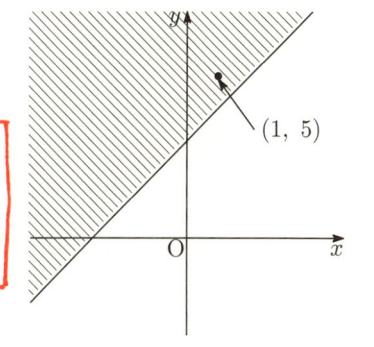

数学 II

例題 不等式 $x^2+y^2-2x+4y+5 \leqq 4$ の表す領域を図示せよ．

解答

$$x^2+y^2-2x+4y+5 \Leftrightarrow (x-1)^2+(y-2)^2 \leqq 4$$

したがって，与えられた不等式を満たす点 (x, y) は円の内部および周である．

※手書き注: 周 → 等号が成り立つ

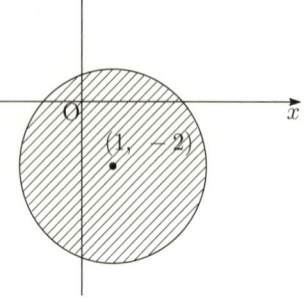

2.10 連立不等式の表す領域

no. 036 連立不等式の表す領域

連立不等式の表す領域は，すべての不等式を同時に満たす領域である．

例題 不等式 $(x^2+y^2-4)(x+y+1) < 0$ の表す領域を図示せよ．

解答

$$(x^2+y^2-4)(x+y+1) < 0$$
$$\Leftrightarrow \begin{cases} x^2+y^2-4 < 0 \\ x+y+1 > 0 \end{cases} \text{ または，} \begin{cases} x^2+y^2-4 > 0 \\ x+y+1 < 0 \end{cases}$$

(i) $\begin{cases} x^2+y^2-4 < 0 \\ x+y+1 > 0 \end{cases}$

$\Leftrightarrow \begin{cases} x^2+y^2 < 4 \\ y > -x-1 \end{cases}$ より，

$x^2+y^2 = 4$ の内側でかつ，
$y = -x-1$ の上側である領域

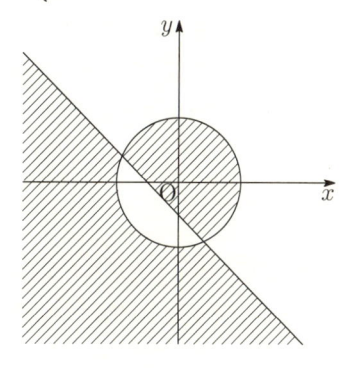

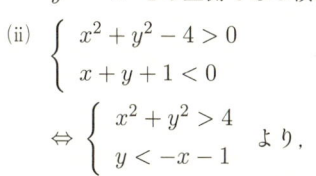

(ii) $\begin{cases} x^2+y^2-4 > 0 \\ x+y+1 < 0 \end{cases}$

$\Leftrightarrow \begin{cases} x^2+y^2 > 4 \\ y < -x-1 \end{cases}$ より，

$x^2+y^2 = 4$ の外側でかつ，$y = -x-1$ の下側である領域

したがって，右図のようになる．ただし，境界は含まず． ← 等号がついてないから．

※丁寧にやればこの解法になるが，簡便に解くのであれば次の解法の方がよい．

点 $(0, 0)$ を $(x^2+y^2-4)(x+y+1) < 0$ に代入すると，

数学Ⅱ

$$(0+0-4)(0+0+1) < 0$$
$$-4 < 0$$

となり，この不等式を満たす．したがって，点 $(0, 0)$ を含む領域は題意を満たす．

<u>その領域と隣り合う領域は題意を満たさないので，満たす領域はまたその隣になる．</u>

したがって，解答のような図となる．

例題 不等式 $(x+y)(x-2y)(x^2+y^2-4) > 0$ を満たす領域を図示せよ．

解答

$(1, 0)$ を代入すると，
$$(1+0)(1-0)(1+0-4) > 0$$
$$-3 > 0$$
となり，この不等式を満たさない．

したがって，$(1, 0)$ を含む領域に隣り合う領域は題意を満たすことになり，あとは交互に満たすので右図のようになる．

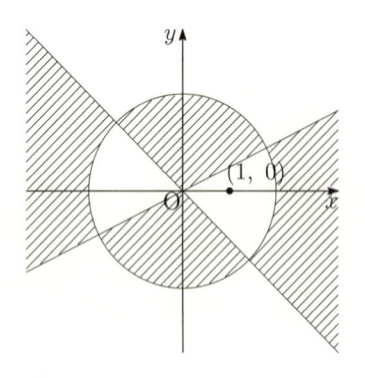

例えば $(0, 1)$ を代入すると
$$(0+1)(0-2)(0+1-4) > 0$$
$$6 > 0$$
となり，確かに隣り合う領域は満たしていることがわかる．

数学II

第3章 三角関数

数学Ⅱ

3.1 弧度法

no.037 弧度法

1つの円において，半径と同じ長さの弧に対する中心角を単位とする角の表し方を「**弧度法**」という．

この角を「**1ラジアン**」といい，

$$1\text{ラジアン} = \frac{180°}{\pi}$$

となる．

例題 次の角を弧度法に直せ．
(1) $45°$ (2) $105°$ (3) $120°$ (4) $225°$

解答

(1) $45° = 45 \times \dfrac{\pi}{180} = \dfrac{\pi}{4}$ (2) $105° = 105 \times \dfrac{\pi}{180} = \dfrac{3}{4}\pi$

(3) $120° = 120 \times \dfrac{\pi}{180} = \dfrac{2}{3}\pi$ (4) $225° = 225 \times \dfrac{\pi}{180} = \dfrac{5}{4}\pi$

・慣れるまでは比で考える．(1)なら $x:45 = \pi:180$
$x = \dfrac{\pi}{4}$

例題 次の弧度法を60分法で表せ．
(1) $\dfrac{3}{2}\pi$ (2) $\dfrac{4}{5}\pi$ (3) $\dfrac{11}{6}\pi$ (4) 1

解答

(1) $\dfrac{3}{2}\pi = \left(\dfrac{3}{2}\pi \times \dfrac{180}{\pi}\right)° = 270°$ (2) $\dfrac{4}{5}\pi = \left(\dfrac{4}{5}\pi \times \dfrac{180}{\pi}\right)° = 144°$

(3) $\dfrac{11}{6}\pi = \left(\dfrac{11}{6}\pi \times \dfrac{180}{\pi}\right)° = 330°$ (4) $1 = \left(1 \times \dfrac{180}{\pi}\right)° = \left(\dfrac{180}{\pi}\right)°$

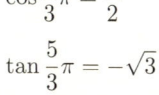

3.2 三角関数の定義

no.038 三角関数の定義

原点 O を中心とし半径 r 上の点 $P(x, y)$ があるとき，
$$\sin\theta = \frac{y}{r},\ \cos\theta = \frac{x}{r},\ \tan\theta = \frac{y}{x}$$
である．

数学 I における三角比は $0° \leqq \theta \leqq 180°$ であったが，三角関数における正弦・余弦・正接は一般角について定義されている．

例題 角 θ が次の値のとき，$\sin\theta$，$\cos\theta$，$\tan\theta$ の値を求めよ．

(1) $\dfrac{5}{3}\pi$ 　(2) $\dfrac{3}{4}\pi$ 　(3) $\dfrac{7}{2}\pi$ 　(4) $-\dfrac{8}{3}\pi$

解答

(1) $\dfrac{5}{3}\pi$ の表す動径と単位円の交点の座標は

$\left(\dfrac{1}{2},\ -\dfrac{\sqrt{3}}{2}\right)$ より，

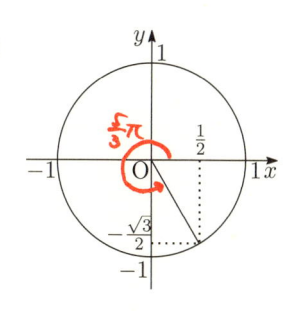

$\sin\dfrac{5}{3}\pi = -\dfrac{\sqrt{3}}{2}$

$\cos\dfrac{5}{3}\pi = \dfrac{1}{2}$

$\tan\dfrac{5}{3}\pi = -\sqrt{3}$

単位円は半径が1だから、
$\cos\theta \to x$座標、$\sin\theta \to y$座標、$\tan\theta \to$動径の傾き．

数学Ⅱ

3 三角関数

(2) $\dfrac{3}{4}\pi$ の表す動径と単位円の交点の座標

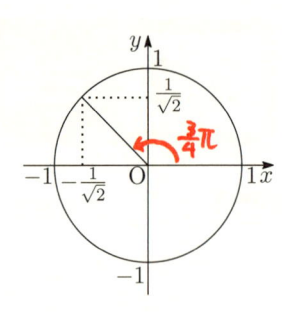

は $\left(-\dfrac{1}{\sqrt{2}},\ \dfrac{1}{\sqrt{2}}\right)$ より,

$$\sin\dfrac{3}{4}\pi = \dfrac{1}{\sqrt{2}}$$

$$\cos\dfrac{3}{4}\pi = -\dfrac{1}{\sqrt{2}}$$

$$\tan\dfrac{3}{4}\pi = -1$$

(3) $\dfrac{7}{2}\pi$ の表す動径と単位円の交点の座標は $(0,\ -1)$ より,

$$\sin\dfrac{7}{2}\pi = -1$$

$$\cos\dfrac{7}{2}\pi = 0$$

$\tan\dfrac{7}{2}\pi$ は存在しない. $\dfrac{-1}{0}$ は定義されない

(4) $-\dfrac{8}{3}\pi$ の表す動径と単位円の交点の座標

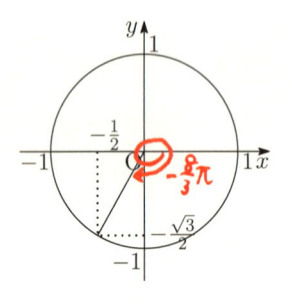

は $\left(-\dfrac{1}{2},\ -\dfrac{\sqrt{3}}{2}\right)$ より,

$$\sin\left(-\dfrac{8}{3}\pi\right) = -\dfrac{\sqrt{3}}{2}$$

$$\cos\left(-\dfrac{8}{3}\pi\right) = -\dfrac{1}{2}$$

$$\tan\left(-\dfrac{8}{3}\pi\right) = \sqrt{3}$$

-2π で一周するのだから, あと $-\dfrac{2}{3}\pi$

3.3 三角関数の相互関係

no. 039 三角関数の相互関係

- $\sin^2\theta + \cos^2\theta = 1$
- $\tan\theta = \dfrac{\sin\theta}{\cos\theta}$
- $1 + \tan^2\theta = \dfrac{1}{\cos^2\theta}$

（三角比のときと同じ）

例題 次の問いに答えよ．

(1) θ が第3象限の角で，$\sin\theta = -\dfrac{3}{5}$ のとき，$\cos\theta$, $\tan\theta$ の値を求めよ．

(2) θ が第4象限の角で，$\tan\theta = -3$ のとき，$\sin\theta$, $\cos\theta$ の値を求めよ．

(3) $\cos\theta = \dfrac{7}{25}$ のとき，$\sin\theta$, $\tan\theta$ の値を求めよ．

解答

(1) $\cos^2\theta = 1 - \sin^2\theta = 1 - \left(-\dfrac{3}{5}\right)^2 = \dfrac{16}{25}$

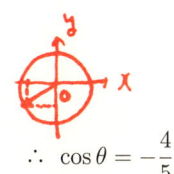

ここで，θ は第3象限の角より，$\cos\theta < 0$ $\quad \therefore \cos\theta = -\dfrac{4}{5}$

$$\tan\theta = \dfrac{\sin\theta}{\cos\theta} = \dfrac{3}{4}$$

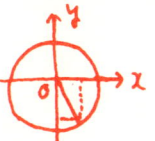

(2) $\cos^2\theta = \dfrac{1}{1+\tan^2\theta} = \dfrac{1}{1+(-3)^2} = \dfrac{1}{10}$

ここで，θ は第4象限の角より，$\cos\theta > 0$ $\quad \therefore \cos\theta = \dfrac{1}{\sqrt{10}}$

$$\sin\theta = \cos\theta \cdot \tan\theta = -\dfrac{3}{\sqrt{10}}$$

数学 II

(3) $\sin^2\theta = 1 - \cos^2\theta = 1 - \dfrac{49}{625} = \dfrac{576}{625}$ 条件(制限)がないから 場合分け

(i) θ が第1象限の角のとき,$\sin\theta > 0$ より,$\sin\theta = \dfrac{24}{25}$

$\tan\theta = \dfrac{\sin\theta}{\cos\theta} = \dfrac{24}{7}$

(ii) θ が第4象限の角のとき,$\sin\theta < 0$ より,$\sin\theta = -\dfrac{24}{25}$

$\tan\theta = \dfrac{\sin\theta}{\cos\theta} = -\dfrac{24}{7}$

チャレンジ問題 次の問いに答えよ.

(1) $2\sin\theta + \sin^2\theta = 1$ のとき,$5 - \cos^2\theta + \sin^3\theta$ の値を求めよ.
(2) $0 \leqq \theta \leqq \pi$ で,$8\sin\theta - \cos\theta = 7$ のとき,$\tan\theta$ の値を求めよ.

解答

(1) $2\sin\theta + \sin^2\theta = 1$ より,

$\sin^2\theta + 2\sin\theta - 1 = 0$
$\sin\theta = -1 \pm \sqrt{1+1}$
$\sin\theta = -1 \pm \sqrt{2}$

ここで,$-1 \leqq \sin\theta \leqq 1$ より,$\sin\theta = -1 + \sqrt{2}$
したがって,

$5 - \cos^2\theta + \sin^3\theta = \sin^3\theta - (1 - \sin^2\theta) + 5$ sinにそろえた
$= \sin^3\theta + \sin^2\theta + 4$ $\sin^3\theta = \sin\theta \cdot \sin^2\theta$
$= \sin\theta(1 - 2\sin\theta) + \sin^2\theta + 4$ ここに代入
$= -\sin^2\theta + \sin\theta + 4$
$= -(1 - 2\sin\theta) + \sin\theta + 4$
$= 3\sin\theta + 3$
$= 3(-1 + \sqrt{2}) + 3$
$= 3\sqrt{2}$

(2) $8\sin\theta - \cos\theta = 7$ の両辺を $\cos\theta$ で割って， $\dfrac{\sin\theta}{\cos\theta} = \tan\theta$

$$8\tan\theta - 1 = \frac{7}{\cos\theta}$$

$$\frac{1}{\cos\theta} = \frac{8\tan\theta - 1}{7}$$

$1 + \tan^2\theta = \dfrac{1}{\cos^2\theta}$ より，

$$1 + \tan^2\theta = \left(\frac{8\tan\theta - 1}{7}\right)^2$$

$$49 + 49\tan^2\theta = 64\tan^2\theta - 16\tan\theta + 1$$

$$15\tan^2\theta - 16\tan\theta - 48 = 0$$

$$(5\tan\theta - 12)(3\tan\theta + 4) = 0$$

$$\tan\theta = \frac{12}{5},\ -\frac{4}{3}$$

tanθ は全実数をとれる．

数学II

3.4 三角関数の還元公式

no. 040 $\theta + 2n\pi$ の三角関数 (一周するから同じこと)

- $\sin(\theta + 2n\pi) = \sin\theta$
- $\cos(\theta + 2n\pi) = \cos\theta$
- $\tan(\theta + 2n\pi) = \tan\theta$

no. 041 $-\theta$ の三角関数 (x軸対称)

- $\sin(-\theta) = -\sin\theta$
- $\cos(-\theta) = \cos\theta$
- $\tan(-\theta) = -\tan\theta$

no. 042 $\theta + \dfrac{\pi}{2}$ の三角関数

- $\sin\left(\theta + \dfrac{\pi}{2}\right) = \cos\theta$
- $\cos\left(\theta + \dfrac{\pi}{2}\right) = -\sin\theta$
- $\tan\left(\theta + \dfrac{\pi}{2}\right) = -\dfrac{1}{\tan\theta}$

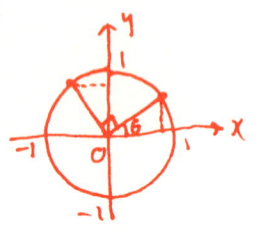

上の θ を $-\theta$ で置き換えることで,次の公式が得られる.

- $\sin\left(\dfrac{\pi}{2} - \theta\right) = \cos\theta$
- $\cos\left(\dfrac{\pi}{2} - \theta\right) = \sin\theta$
- $\tan\left(\dfrac{\pi}{2} - \theta\right) = \dfrac{1}{\tan\theta}$

例えば、$\sin(\theta + \frac{\pi}{2}) = \cos\theta$ の θ を $-\theta$ でおきかえると、
$\sin(-\theta + \frac{\pi}{2}) = \cos(-\theta)$
∴ $\sin(\frac{\pi}{2} - \theta) = \cos\theta$ ← $-\theta$ の三角関数

no. 043 θ+πの三角関数

- $\sin(\theta + \pi) = -\sin\theta$
- $\cos(\theta + \pi) = -\cos\theta$
- $\tan(\theta + \pi) = \tan\theta$

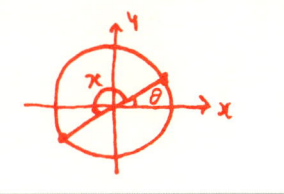

上の θ を $-\theta$ で置き換えることで，次の公式が得られる．

- $\sin(\pi - \theta) = \sin\theta$
- $\cos(\pi - \theta) = -\cos\theta$
- $\tan(\pi - \theta) = -\tan\theta$

例題 次の式を簡単にせよ．

(1) $\sin(-\theta) - \sin\left(\dfrac{\pi}{2} + \theta\right) - \sin(\theta - \pi) - \sin\left(\dfrac{3}{2}\pi - \theta\right)$

(2) $\cos\theta + \cos\left(\dfrac{\pi}{2} + \theta\right) + \cos(\theta + \pi) + \cos\left(\dfrac{3}{2}\pi + \theta\right)$

(3) $\tan\dfrac{7}{9}\pi \tan\dfrac{13}{18}\pi$

数学Ⅱ

3 三角関数

解答

(1) 与式 $= -\sin\theta - \cos\theta - (-\sin\theta) - \sin\left\{\left(\dfrac{3}{2}\pi - \theta\right) - 2\pi\right\}$

$= -\cos\theta - \sin\left(-\theta - \dfrac{1}{2}\pi\right)$ ← 回せても同じ

$= -\cos\theta + \sin\left(\theta + \dfrac{1}{2}\pi\right)$

$= -\cos\theta + \cos\theta$

$= 0$

(2) 与式 $= \cos\theta - \sin\theta - \cos\theta + \cos\left\{\left(\dfrac{3}{2}\pi + \theta\right) - 2\theta\right\}$

$= -\sin\theta + \cos\left(\theta - \dfrac{\pi}{2}\right)$

$= -\sin\theta + \sin\theta$

$= 0$

(3) 与式 $= \tan\left(\pi - \dfrac{2}{9}\pi\right)\tan\left(\dfrac{\pi}{2} + \dfrac{2}{9}\pi\right)$ ← 同じ角度になるように工夫する。

$= -\tan\dfrac{2}{9}\pi \cdot \left(-\dfrac{1}{\tan\dfrac{2}{9}\pi}\right)$

$= 1$

3.5 三角関数のグラフ（1）

no. 044 三角関数のグラフ（1）

・$y = \sin\theta$ のグラフ （原点対称なグラフ）

・$y = \cos\theta$ のグラフ （y軸対称なグラフ）

・$y = \tan\theta$ のグラフ

3.6 三角関数のグラフ（2）

no. 045 三角関数のグラフ（2）

- $y = a\sin\theta$ のグラフは，y の値が a 倍される．
- $y = \sin b\theta$ のグラフは，周期が $\dfrac{1}{b}$ 倍される．
- $y = \sin(\theta - c)$ のグラフは，x 軸方向に c だけ平行移動される．

例題 次の関数の周期を求め，そのグラフをかけ．

(1) $y = \sin 3x$ (2) $y = \tan\dfrac{x}{2}$ (3) $y = 3\cos\left(2x + \dfrac{\pi}{3}\right)$

解答

(1) 周期は $\dfrac{2\pi}{3}$．　 ← $\sin x$ の周期は 2π

グラフは $y = \sin x$ のグラフの x 座標を $\dfrac{1}{3}$ 倍したものであるから，下図のようになる．

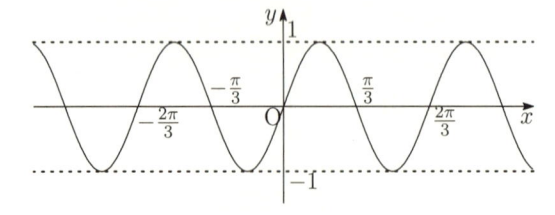

(2) 周期は 2π. グラフは $y = \tan x$ のグラフの x 座標を 2 倍したものであるから, 下図のようになる.

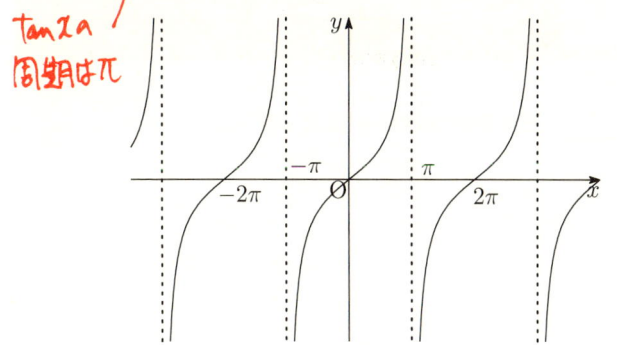

tan2xの周期はπ

(3) $y = 3\cos\left(2x + \dfrac{\pi}{3}\right) \Leftrightarrow \dfrac{y}{3} = \cos 2\left(x + \dfrac{\pi}{6}\right)$

周期は π. グラフは $y = \cos x$ のグラフの x 座標, y 座標をそれぞれ $\dfrac{1}{2}$ 倍, 3 倍し, x 軸の負の方向に $\dfrac{\pi}{6}$ だけ平行移動したものであるから, 下図のようになる.

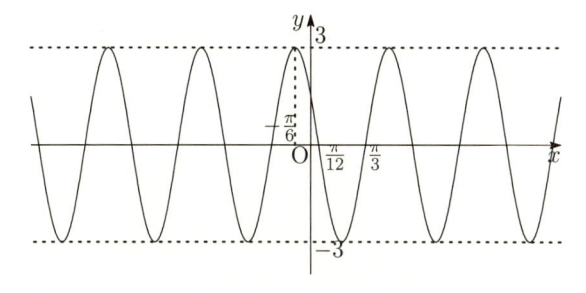

3.7 三角関数を含む方程式・不等式

no. 046 三角関数を含む方程式・不等式

単位円を描いて考える．(必ず描くこと！)

例題 $0 \leqq x < 2\pi$ の範囲で，次の等式に適する x の値を求めよ．

(1) $\sin x = -\dfrac{\sqrt{3}}{2}$ (2) $\cos x = \dfrac{1}{2}$ (3) $\tan x = -\sqrt{3}$

解答

(1) 下の図1の円周上で，y 座標が $-\dfrac{\sqrt{3}}{2}$ となる点はPとQだけであるから，$\sin x = -\dfrac{\sqrt{3}}{2}$ となる角 x は，$\angle \text{POP'} = \angle \text{QOQ'} = \dfrac{\pi}{3}$ より，
$$x = \dfrac{4}{3}\pi, \ \dfrac{5}{3}\pi$$

(2) (1) と同様に，図2の円周上で x 座標が $\dfrac{1}{2}$ となる点はPとQだけであるから，$x = \dfrac{\pi}{3}, \ \dfrac{5}{3}\pi$

(3) 点 $(1, 0)$ における単位円との接線上で，y 座標が $-\sqrt{3}$ となる点は，図3の点Rだけであるから，単位円の交点P，Qを満たす角 x は，
$$x = \dfrac{2}{3}\pi, \ \dfrac{5}{3}\pi$$

tanについては x=1 と動径の延長の交点の y座標として考える．

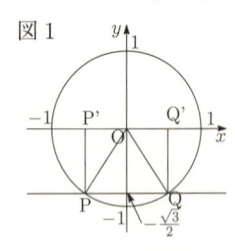

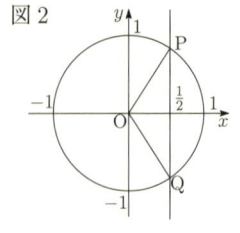

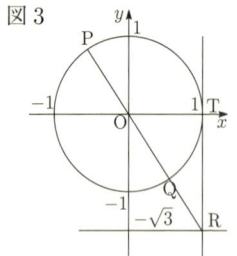

3.7 三角関数を含む方程式・不等式

例題 $0 \leqq x < 2\pi$ の範囲で，次の不等式を解け．

(1) $\cos x > -\dfrac{1}{2}$ (2) $\sin 2x \leqq \dfrac{1}{2}$ (3) $\tan\left(\dfrac{x}{2} + \dfrac{\pi}{6}\right) < 1$

解答

(1) 下の図1で，境界の値は $\cos x = -\dfrac{1}{2}$ より，$x = \dfrac{2}{3}\pi$, $\dfrac{4}{3}\pi$ であるから，

$$0 \leqq x < \dfrac{2}{3}\pi, \quad \dfrac{4}{3}\pi < x < 2\pi$$

(2) $2x = \theta$ とすると，

$$\sin \theta \leqq \dfrac{1}{2}$$

$0 \leqq x < 2\pi$ より，$0 \leqq \theta < 4\pi$ であるから，下の図2より，

$$0 \leqq \theta \leqq \dfrac{\pi}{6}, \quad \dfrac{5}{6}\pi \leqq \theta \leqq \dfrac{13}{6}\pi, \quad \dfrac{17}{6}\pi \leqq \theta < 4\pi$$

したがって，

$$0 \leqq x \leqq \dfrac{\pi}{12}, \quad \dfrac{5}{12}\pi \leqq x \leqq \dfrac{13}{12}\pi, \quad \dfrac{17}{12}\pi \leqq x < 2\pi$$

(3) $\dfrac{x}{2} + \dfrac{\pi}{6} = \theta$ とすると，$x = 2\theta - \dfrac{\pi}{3}$ で，

$$\tan \theta < 1$$

$0 \leqq x < 2\pi$ より，$\dfrac{\pi}{6} \leqq \theta < \dfrac{7}{6}\pi$ であるから，下の図3より，

おきかえをしたら，定義域のcheckを！

$$\dfrac{\pi}{6} \leqq \theta < \dfrac{\pi}{4}, \quad \dfrac{\pi}{2} < \theta < \dfrac{7}{6}\pi$$

したがって，

$$0 \leqq x < \dfrac{\pi}{6}, \quad \dfrac{2}{3}\pi < x < 2\pi$$

図1   図2 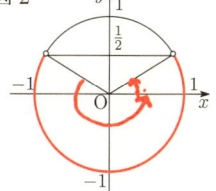   図3

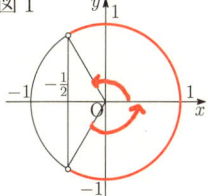

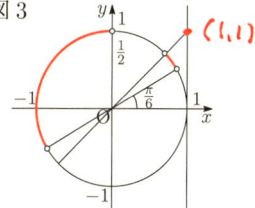

数学 II

チャレンジ問題

次の関数の最大値と最小値を求めよ．
$$y = 2 + \sin x - \cos^2 x \quad (0 \leqq x < 2\pi)$$

解答

$\sin x = t$ とすると，$-1 \leqq t \leqq 1$ 定義域check
$\cos^2 x = 1 - t^2$ より，

$$y = 2 + t - (1 - t^2)$$

$$y = \left(t + \frac{1}{2}\right)^2 + \frac{3}{4}$$

$-1 \leqq t \leqq 1$ より，グラフは右図のようになり，

$t = 1 \Leftrightarrow x = \dfrac{\pi}{2}$ で，最大値 3

$t = -\dfrac{1}{2} \Leftrightarrow x = \dfrac{7}{6}\pi, \dfrac{11}{6}\pi$ で，最小値 $\dfrac{3}{4}$

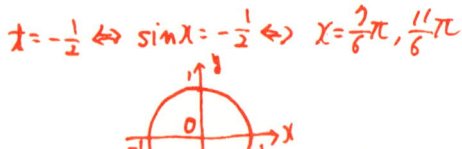

$t=1 \Leftrightarrow \sin x = 1 \Leftrightarrow x = \dfrac{\pi}{2}$

$t=-\dfrac{1}{2} \Leftrightarrow \sin x = -\dfrac{1}{2} \Leftrightarrow x = \dfrac{7}{6}\pi, \dfrac{11}{6}\pi$

3.8 加法定理

no.047 加法定理

- $\sin(\alpha+\beta) = \sin\alpha\cos\beta + \cos\alpha\sin\beta$
- $\sin(\alpha-\beta) = \sin\alpha\cos\beta - \cos\alpha\sin\beta$
- $\cos(\alpha+\beta) = \cos\alpha\cos\beta - \sin\alpha\sin\beta$
- $\cos(\alpha-\beta) = \cos\alpha\cos\beta + \sin\alpha\sin\beta$
- $\tan(\alpha+\beta) = \dfrac{\tan\alpha + \tan\beta}{1 - \tan\alpha\tan\beta}$
- $\tan(\alpha-\beta) = \dfrac{\tan\alpha - \tan\beta}{1 + \tan\alpha\tan\beta}$

※これを主ちんと覚えて tanは $\dfrac{\sin}{\cos}$ から 自分で求めてみよう.

例題 α が第3象限, β が第4象限の角で, $\sin\alpha = -\dfrac{4}{5}$, $\cos\beta = \dfrac{5}{13}$ のとき, $\sin(\alpha-\beta)$, $\cos(\alpha+\beta)$ の値を求めよ.

解答

α が第3象限の角より, $\cos\alpha = -\dfrac{3}{5}$, β が第4象限の角より, $\sin\beta = -\dfrac{12}{13}$. したがって,

※ $\cos^2\alpha + \dfrac{16}{25} = 1 \Leftrightarrow \cos\alpha = \pm\dfrac{3}{5}$
※これも同様

$\sin(\alpha-\beta) = \sin\alpha\cos\beta - \cos\alpha\sin\beta$
$= -\dfrac{4}{5}\cdot\dfrac{5}{13} - \left(-\dfrac{3}{5}\right)\cdot\left(-\dfrac{12}{13}\right)$
$= -\dfrac{56}{65}$

$\cos(\alpha+\beta) = \cos\alpha\cos\beta - \sin\alpha\cos\beta$
$= -\dfrac{3}{5}\cdot\dfrac{5}{13} - \left(-\dfrac{4}{5}\right)\cdot\left(-\dfrac{12}{13}\right)$
$= -\dfrac{63}{65}$

数学Ⅱ

例題 α, β がいずれも鋭角で，$\tan\alpha = \dfrac{1}{2}$，$\tan\beta = \dfrac{1}{3}$ のとき，$\alpha + \beta$ の値を求めよ．

解答

加法定理より，

$$\tan(\alpha + \beta) = \frac{\tan\alpha + \tan\beta}{1 - \tan\alpha \tan\beta}$$

$$= \frac{\frac{1}{2} + \frac{1}{3}}{1 - \frac{1}{2} \cdot \frac{1}{3}}$$

$$= 1$$

$0 < \alpha + \beta < \pi$ より，$\alpha + \beta = \dfrac{\pi}{4}$

チャレンジ問題

すべての実数 x に対して，$\cos(x+\alpha) + \sin(x+\beta) + \sqrt{2}\cos x$ が一定になるような α, β を求めよ．ただし，$0 < \alpha < 2\pi$，$0 < \beta < 2\pi$ とする．

解答

加法定理より，
$\cos(x+\alpha) + \sin(x+\beta) + \sqrt{2}\cos x$
$= \cos x\cos\alpha - \sin x\sin\alpha + \sin x\cos\beta + \cos x\sin\beta + \sqrt{2}\cos x$
$= (\cos\beta - \sin\alpha)\sin x + (\cos\alpha + \sin\beta + \sqrt{2})\cos x$

ここで，すべての実数 x に対して一定となるためには，

$$\begin{cases} \cos\beta - \sin\alpha = 0 \\ \cos\alpha + \sin\beta + \sqrt{2} = 0 \end{cases} \Leftrightarrow \begin{cases} \cos\beta = \sin\alpha \\ \sin\beta = -(\cos\alpha + \sqrt{2}) \end{cases}$$

これを，$\sin^2\beta + \cos^2\beta = 1$ に代入して，

$(\cos\alpha + \sqrt{2})^2 + \sin^2\alpha = 1$

$1 + 2\sqrt{2}\cos\alpha + 2 = 1$

$\cos\alpha = -\dfrac{1}{\sqrt{2}}$

$0 < \alpha < 2\pi$ より，$\alpha = \dfrac{3}{4}\pi, \dfrac{5}{4}\pi$

$\alpha = \dfrac{3}{4}\pi$ のとき，

$\cos\beta = \sin\dfrac{3}{4}\pi = \dfrac{1}{\sqrt{2}}, \sin\beta = -\left(-\dfrac{1}{\sqrt{2}} + \sqrt{2}\right) = -\dfrac{1}{\sqrt{2}}$

$\therefore \beta = \dfrac{7}{4}\pi$

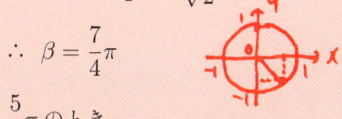

$\alpha = \dfrac{5}{4}\pi$ のとき，

$\cos\beta = \sin\dfrac{5}{4}\pi = -\dfrac{1}{\sqrt{2}}, \sin\beta = -\left(-\dfrac{1}{\sqrt{2}} + \sqrt{2}\right) = -\dfrac{1}{\sqrt{2}}$

$\therefore \beta = \dfrac{5}{4}\pi$

したがって，$(\alpha, \beta) = \left(\dfrac{3}{4}\pi, \dfrac{7}{4}\pi\right), \left(\dfrac{3}{4}\pi, \dfrac{5}{4}\pi\right)$

数学II

3.9 2倍角の公式

no. 048 ☑☑☑ 2倍角の公式

- $\sin 2\alpha = 2\sin\alpha\cos\alpha$
- $\cos 2\alpha = \cos^2\alpha - \sin^2\alpha$
  $= 1 - 2\sin^2\alpha$
  $= 2\cos^2\alpha - 1$
- $\tan 2\alpha = \dfrac{2\tan\alpha}{1 - \tan^2\alpha}$

※ 加法定理のβをαにすればよい

例題 $\sin x = \dfrac{3}{5}$ のとき, $\sin 2x$, $\cos 2x$, $\tan 2x$ の値を求めよ.

解答

$\sin^2 x + \cos^2 x = 1$ より, ← いつでも使える

$\dfrac{9}{25} + \cos^2 x = 1 \quad \therefore \cos x = \pm\dfrac{4}{5}$ (条件ないからどちらもOK)

2倍角の公式より,

$\sin 2x = 2\sin x\cos x = \pm\dfrac{12}{25}$

$\cos 2x = 1 - 2\sin^2 x = \dfrac{7}{25}$

$\tan 2x = \dfrac{\sin 2x}{\cos 2x} = \pm\dfrac{12}{7}$

3.9 2倍角の公式

チャレンジ問題 次の方程式を解け.

(1) $\cos 2x - 5\cos x + 3 = 0 \quad (0 \leqq x < 2\pi)$
(2) $\cos 2x = 3\sin x + 2 \quad (-\pi < x < \pi)$

解答

(1) 2倍角の公式より,
$$\cos 2x - 5\cos x + 3 = 0$$
$$2\cos^2 x - 1 - 5\cos x + 3 = 0$$
$$2\cos^2 x - 5\cos x + 2 = 0$$
$$(2\cos x - 1)(\cos x - 2) = 0$$
$$\cos x = \frac{1}{2},\ 2$$

$-1 \leqq \cos x \leqq 1$ より, $\cos x = \dfrac{1}{2}$

$0 \leqq x < 2\pi$ より, $x = \dfrac{\pi}{3},\ \dfrac{5}{3}\pi$

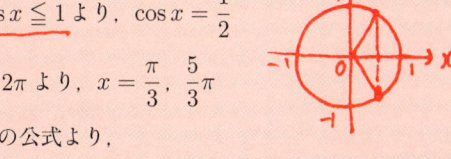

(2) 2倍角の公式より,
$$\cos 2x = 3\sin x + 2$$
$$1 - 2\sin^2 x = 3\sin x + 2$$
$$2\sin^2 x + 3\sin x + 1 = 0$$
$$(2\sin x + 1)(\sin x + 1) = 0$$
$$\sin x = -\frac{1}{2},\ -1$$

$-1 \leqq \sin x \leqq 1$ であるから, $\sin x = -\dfrac{1}{2},\ -1$

$-\pi < x < \pi$ より, $x = -\dfrac{\pi}{6},\ -\dfrac{5}{6}\pi,\ -\dfrac{\pi}{2}$

3.10 半角の公式

no. 049 半角の公式

- $\sin^2 \dfrac{\alpha}{2} = \dfrac{1-\cos\alpha}{2}$
- $\cos^2 \dfrac{\alpha}{2} = \dfrac{1+\cos\alpha}{2}$

(手書きメモ) 2倍角の公式を変形すればよい
$\cos 2\alpha = 1 - 2\sin^2\alpha$
$\sin^2\alpha = \dfrac{1-\cos 2\alpha}{2}$ ← α を $\dfrac{\alpha}{2}$ におきかえ
$\sin^2 \dfrac{\alpha}{2} = \dfrac{1-\cos\alpha}{2}$

例題 $\sin\alpha = \dfrac{1}{3}$ のとき, $\sin\dfrac{\alpha}{2}, \cos\dfrac{\alpha}{2}, \tan\dfrac{\alpha}{2}$ の値を求めよ. ただし, $\dfrac{\pi}{2} < \alpha < \pi$ とする.

$\dfrac{\pi}{2} < \alpha < \pi$ より $\cos\alpha < 0$ で $\sin\alpha = \dfrac{1}{3}$ より, $\cos\alpha = -\dfrac{2\sqrt{2}}{3}$

半角の公式より, *(手書きメモ: まず $\cos\alpha$ を求める.)*

$$\sin^2\dfrac{\alpha}{2} = \dfrac{1-\cos\alpha}{2} = \dfrac{1-\left(-\dfrac{2\sqrt{2}}{3}\right)}{2} = \dfrac{3+2\sqrt{2}}{6}$$

$\dfrac{\pi}{4} < \dfrac{\alpha}{2} < \dfrac{\pi}{2}$ より, $\sin\dfrac{\alpha}{2} > 0$ であるから,

$$\sin\dfrac{\alpha}{2} = \sqrt{\dfrac{3+2\sqrt{2}}{6}} = \dfrac{\sqrt{2}+1}{\sqrt{6}} = \dfrac{2\sqrt{3}+\sqrt{6}}{6}$$

(手書きメモ: 2重根号が外せるものは外しておこう.)

また,

$$\cos^2\dfrac{\alpha}{2} = \dfrac{1+\cos\alpha}{2} = \dfrac{1+\left(-\dfrac{2\sqrt{2}}{3}\right)}{2} = \dfrac{3-2\sqrt{2}}{6}$$

$\dfrac{\pi}{4} < \dfrac{\alpha}{2} < \dfrac{\pi}{2}$ より, $\cos\dfrac{\alpha}{2} > 0$ であるから,

$$\cos\frac{\alpha}{2} = \sqrt{\frac{3-2\sqrt{2}}{6}} = \frac{\sqrt{2}-1}{\sqrt{6}} = \frac{2\sqrt{3}-\sqrt{6}}{6}$$

$$\tan\frac{\alpha}{2} = \frac{\sin\dfrac{\alpha}{2}}{\cos\dfrac{\alpha}{2}} \text{ より,}$$

$$\tan\frac{\alpha}{2} = \frac{\sqrt{2}+1}{\sqrt{2}-1} = \left(\sqrt{2}+1\right)^2 = 3+2\sqrt{2}$$

以上より,

$$\sin\frac{\alpha}{2} = \frac{2\sqrt{3}+\sqrt{6}}{6}, \ \cos\frac{\alpha}{2} = \frac{2\sqrt{3}-\sqrt{6}}{6}, \ \tan\frac{\alpha}{2} = 3+2\sqrt{2}$$

例題 $0 < \alpha < \dfrac{\pi}{4}$, $0 < \beta < \dfrac{\pi}{4}$ で, $\sin 2\alpha = \dfrac{2}{3}$, $\tan 2\beta = \dfrac{4}{3}$ のとき, $\sin\alpha$, $\tan\beta$, $\tan 3\beta$ の値を求めよ.

解答 $\sin^2 2\alpha + \cos^2 2\alpha = 1$ より,

$$\frac{4}{9} + \cos^2 2\alpha = 1 \quad \therefore \ \cos 2\alpha = \frac{\sqrt{5}}{3} \ \left(0 < 2\alpha < \frac{\pi}{2}\right)$$

半角の公式より, 定義域 Check!

$$\sin^2\alpha = \frac{1-\cos 2\alpha}{2} = \frac{1-\dfrac{\sqrt{5}}{3}}{2} = \frac{3-\sqrt{5}}{6}$$

$\sin\alpha > 0$ より,

$$\sin\alpha = \sqrt{\frac{3-\sqrt{5}}{6}} = \sqrt{\frac{6-2\sqrt{5}}{12}} = \frac{\sqrt{5}-1}{\sqrt{12}} = \frac{\sqrt{15}-\sqrt{3}}{6}$$

2倍角の公式より,

$$\tan 2\beta = \frac{2\tan\beta}{1-\tan^2\beta}$$

$$\frac{4}{3} = \frac{2\tan\beta}{1-\tan^2\beta}$$

$$4\tan^2\beta + 6\tan\beta - 4 = 0$$

$$(2\tan\beta - 1)(\tan\beta + 2) = 0$$

数学Ⅱ

$$\tan\beta = \frac{1}{2},\ -2$$

$\tan\beta > 0$ より,$\tan\beta = \dfrac{1}{2}$ （0＜β＜π/4だからtanβ＞0）

加法定理より,

$$\begin{aligned}
\tan 3\beta &= \tan(\beta + 2\beta) \\
&= \frac{\tan\beta + \tan 2\beta}{1 - \tan\beta \tan 2\beta} \\
&= \frac{\dfrac{1}{2} + \dfrac{4}{3}}{1 - \dfrac{1}{2}\cdot\dfrac{4}{3}} \\
&= \frac{11}{2}
\end{aligned}$$

したがって,$\sin\alpha = \dfrac{\sqrt{15}-\sqrt{3}}{6}$,$\tan\beta = \dfrac{1}{2}$,$\tan 3\beta = \dfrac{11}{2}$

3.11 3倍角の公式

no. 050　3倍角の公式

- $\sin 3\alpha = 3\sin\alpha - 4\sin^3\alpha$
- $\cos 3\alpha = 4\cos^3\alpha - 3\cos\alpha$

※ $\sin(\alpha+2\alpha)$, $\cos(\alpha+2\alpha)$として
加法定理を用い，その上で，
2倍角の公式を使うと求められる

例題 次の問いに答えよ．

(1) $\theta = \dfrac{\pi}{10}$ のとき，$\sin 2\theta = \cos 3\theta$ であることを示せ．

(2) $\sin\dfrac{\pi}{10}$，$\cos\dfrac{\pi}{10}$ を求めよ．

解答

(1) $2\theta = \dfrac{\pi}{2} - 3\theta$ より，　　← $2\theta = \dfrac{\pi}{5}$　$3\theta = \dfrac{3}{10}\pi$ より
$2\theta + 3\theta = \dfrac{\pi}{2}$

$$\sin 2\theta = \sin\left(\dfrac{\pi}{2} - 3\theta\right) = \cos 3\theta$$

(2) (1) より，

$$\sin 2\theta = \cos 3\theta$$
$$2\sin\theta\cos\theta = 4\cos^3\theta - 3\cos\theta$$

$\cos\theta\,(\neq 0)$ で両辺を割って，

$$2\sin\theta = 4\cos^2\theta - 3$$
$$2\sin\theta = 4(1-\sin^2\theta) - 3$$

$$4\sin^2\theta + 2\sin\theta - 1 = 0$$

$$\sin\theta = \dfrac{-1\pm\sqrt{5}}{4}$$

$\sin\theta = \sin\dfrac{\pi}{10} > 0$ より，$\sin\theta = \dfrac{-1+\sqrt{5}}{4}$

また，$\cos^2\dfrac{\pi}{10} = 1 - \sin^2\dfrac{\pi}{10}$ より，

$$\cos^2 \frac{\pi}{10} = 1 - \left(\frac{-1+\sqrt{5}}{4}\right)^2 = \frac{10+2\sqrt{5}}{16}$$

$$\cos \frac{\pi}{10} = \frac{\sqrt{10+2\sqrt{5}}}{4} \quad (>0)$$

この問題は頻出なのできちんと理解しておこう!!

3.12 三角関数の合成

no. 051 三角関数の合成

- $a\sin\theta + b\cos\theta = \sqrt{a^2+b^2}\sin(\theta+\alpha)$

  ただし，$\sin\alpha = \dfrac{b}{\sqrt{a^2+b^2}}$, $\cos\alpha = \dfrac{a}{\sqrt{a^2+b^2}}$

- $a\sin\theta + b\cos\theta = \sqrt{a^2+b^2}\cos(\theta-\alpha)$

  ただし，$\sin\alpha = \dfrac{a}{\sqrt{a^2+b^2}}$, $\cos\alpha = \dfrac{b}{\sqrt{a^2+b^2}}$

例題 $f(x) = 3\sin x + 4\cos x$ について，次の問いに答えよ．
(1) $f(x) = r\sin(x+\alpha)$ の形に変形せよ．ただし，$r > 0$ とする．
(2) 関数 $f(x)$ の最大値と最小値を求めよ．

解答

(1) $3\sin x + 4\cos x = \sqrt{3^2+4^2}\sin(x+\alpha) = 5\sin(x+\alpha)$

したがって，
$$f(x) = 5\sin(x+\alpha)$$
ただし，α は，$\sin\alpha = \dfrac{4}{5}$, $\cos\alpha = \dfrac{3}{5}$ を満たす．

(2) $-1 \leqq \sin(x+\alpha) \leqq 1$ より，$-5 \leqq 5\sin(x+\alpha) \leqq 5$
したがって，$f(x)$ の最大値は 5，最小値は -5

例題 次の不等式を解け．ただし，$0 < x < 2\pi$ とする．
$\sqrt{3}\sin x + \cos x \leqq 1$

解答

$$\sqrt{3}\sin x + \cos x = \sqrt{3+1}\sin(x+\alpha) = 2\sin(x+\alpha)$$

α は，$\sin\alpha = \dfrac{1}{2}$，$\cos\alpha = \dfrac{\sqrt{3}}{2}$ を満たす角より $\alpha = \dfrac{\pi}{6}$．したがって，

$$2\sin\left(x+\dfrac{\pi}{6}\right) \leqq 1$$

$$\sin\left(x+\dfrac{\pi}{6}\right) \leqq \dfrac{1}{2}$$

ここで，$x+\dfrac{\pi}{6} = \theta$ とすると，$0 < x < 2\pi$ より，$\dfrac{\pi}{6} < \theta < \dfrac{13}{6}\pi$ であるから，

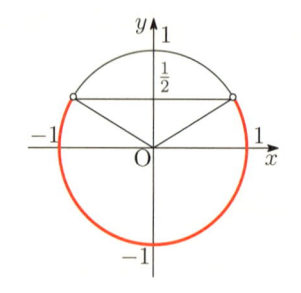

$$\sin\theta \leqq \dfrac{1}{2}$$

$$\dfrac{5}{6}\pi \leqq \theta < \dfrac{13}{6}\pi$$

したがって，

$$\dfrac{5}{6}\pi \leqq x + \dfrac{\pi}{6} < \dfrac{13}{6}\pi$$

$$\dfrac{2}{3}\pi \leqq x < 2\pi$$

合成公式の導出は，次のようになる．

$$a\sin\theta + b\cos\theta = \sqrt{a^2+b^2}\cdot\dfrac{a}{\sqrt{a^2+b^2}}\sin\theta + \sqrt{a^2+b^2}\cdot\dfrac{b}{\sqrt{a^2+b^2}}\cos\theta$$

$$= \sqrt{a^2+b^2}\left(\sin\theta\cdot\dfrac{a}{\sqrt{a^2+b^2}} + \cos\theta\cdot\dfrac{b}{\sqrt{a^2+b^2}}\right)$$

ここで，$\dfrac{a}{\sqrt{a^2+b^2}} = \cos\alpha$，$\dfrac{b}{\sqrt{a^2+b^2}} = \sin\alpha$ とすると

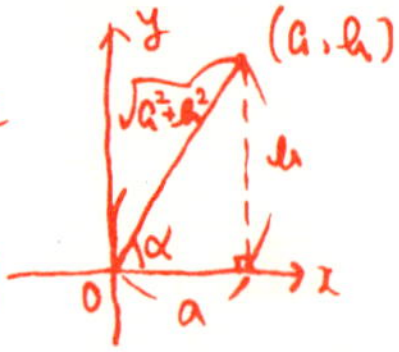

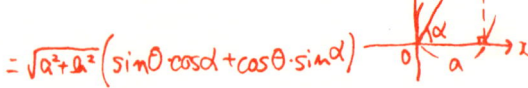

$$= \sqrt{a^2+b^2}\left(\sin\theta\cos\alpha + \cos\theta\cdot\sin\alpha\right)$$

$$= \sqrt{a^2+b^2}\sin(\theta+\alpha) \quad \leftarrow \text{加法定理}$$

3.13 積を和・差になおす公式

no. 052 積を和・差になおす公式

- $\sin\alpha\cos\beta = \dfrac{1}{2}\{\sin(\alpha+\beta) + \sin(\alpha-\beta)\}$
- $\cos\alpha\sin\beta = \dfrac{1}{2}\{\sin(\alpha+\beta) - \sin(\alpha-\beta)\}$
- $\cos\alpha\cos\beta = \dfrac{1}{2}\{\cos(\alpha+\beta) + \cos(\alpha-\beta)\}$
- $\sin\alpha\sin\beta = -\dfrac{1}{2}\{\cos(\alpha+\beta) - \cos(\alpha-\beta)\}$

加法定理から導出される.

積が与えられたとき、和や差にすることで計算しやすくなる。

例題 次の式の値を求めよ．

(1) $4\cos 75° \sin 15°$ (2) $\sin 20° \sin 40° \sin 80°$

解答

(1) $4\cos 75° \sin 15° = 4 \cdot \dfrac{1}{2}\{\sin(75°+15°) - \sin(75°-15°)\}$

$= 2(\sin 90° - \sin 60°)$

$= 2 - \sqrt{3}$

(2) $\sin 40° \sin 80° = -\dfrac{1}{2}\{\cos(40°+80°) - \cos(40°-80°)\}$

$= -\dfrac{1}{2}\{\cos 120° - \cos(-40°)\}$

$= -\dfrac{1}{2}(\cos 120° - \cos 40°)$

$= \dfrac{1}{2}(\cos 40° - \cos 120°)$

であるから，

$(与式) = \sin 20° \cdot \dfrac{1}{2}(\cos 40° - \cos 120°)$

$$= \frac{1}{2}\sin 20°\cos 40° - \frac{1}{2}\sin 20°\cos 120°$$
$$= \frac{1}{2}\cdot\frac{1}{2}\{\sin(20°+40°)+\sin(20°-40°)\}+\frac{1}{4}\sin 20°$$
$$= \frac{1}{4}(\sin 60° - \sin 20°) + \frac{1}{4}\sin 20°$$
$$= \frac{\sqrt{3}}{8}$$

チャレンジ問題

$\cos(\alpha+\beta)\sin(\alpha-\beta)+\cos(\beta+\gamma)\cos\sin(\beta-\gamma)$
$+\cos(\gamma+\alpha)\sin(\gamma-\alpha)$ の値を求めよ．

解答

$\cos(\alpha+\beta)\sin(\alpha-\beta)$
$\quad = \dfrac{1}{2}\left(\sin\dfrac{\alpha+\beta+\alpha-\beta}{2}-\sin\dfrac{\alpha+\beta-\alpha+\beta}{2}\right)$
$\quad = \dfrac{1}{2}(\sin 2\alpha - \sin 2\beta)$

$\cos(\beta+\gamma)\sin(\beta-\gamma)$
$\quad = \dfrac{1}{2}\left(\sin\dfrac{\beta+\gamma+\beta-\gamma}{2}-\sin\dfrac{\beta+\gamma-\beta+\gamma}{2}\right)$
$\quad = \dfrac{1}{2}(\sin 2\beta - \sin 2\gamma)$

$\cos(\gamma+\alpha)\sin(\gamma-\alpha)$
$\quad = \dfrac{1}{2}\left(\sin\dfrac{\gamma+\alpha+\gamma-\alpha}{2}-\sin\dfrac{\gamma+\alpha-\gamma+\alpha}{2}\right)$
$\quad = \dfrac{1}{2}(\sin 2\gamma - \sin 2\alpha)$

したがって，
$\quad (与式) = \dfrac{1}{2}(\sin 2\alpha - \sin 2\beta) + \dfrac{1}{2}(\sin 2\beta - \sin 2\gamma)$
$\qquad\qquad + \dfrac{1}{2}(\sin 2\gamma - \sin 2\alpha) = 0$

3.14 和・差を積になおす公式

no. 053 和・差を積になおす公式

- $\sin A + \sin B = 2\sin\dfrac{A+B}{2}\cos\dfrac{A-B}{2}$
- $\sin A - \sin B = 2\cos\dfrac{A+B}{2}\sin\dfrac{A-B}{2}$
- $\cos A + \cos B = 2\cos\dfrac{A+B}{2}\cos\dfrac{A-B}{2}$
- $\cos A - \cos B = -2\sin\dfrac{A+B}{2}\sin\dfrac{A-B}{2}$

※ 積を和差になおす公式で、$\alpha = \dfrac{x+y}{2},\ \beta = \dfrac{x-y}{2}$ とおきかえる

例題 次の式の値を求めよ．

(1) $\cos 15° + \cos 75°$ 　(2) $\sin 80° - \sin 40° - \sin 20°$

解答

(1) $\cos 15° + \cos 75° = 2\cos\dfrac{15° + 75°}{2}\cos\dfrac{15° - 75°}{2}$

$= 2\cos 45° \cos(-30°)$

$= 2\cos 45° \cos 30°$

$= 2 \cdot \dfrac{1}{\sqrt{2}} \cdot \dfrac{\sqrt{3}}{2}$

$= \dfrac{\sqrt{6}}{2}$

(2) $\sin 80° - \sin 40° = 2\cos\dfrac{80° + 40°}{2}\sin\dfrac{80° - 40°}{2}$

$= 2\cos 60° \sin 20°$

$= \sin 20°$

したがって，

　（与式）$= \sin 20° - \sin 20°$

　　　　$= 0$

チャレンジ問題

$\sin 6x + \sin 5x + \sin 4x + \cos x = -\dfrac{1}{2}$

$(0 \leqq x < 2\pi)$ を解け.

解答

$\sin 6x + \sin 4x = 2\sin\dfrac{6x+4x}{2}\cos\dfrac{6x-4x}{2} = 2\sin 5x \cos x$ より,

$$2\sin 5x \cos x + \sin 5x + \cos x = -\dfrac{1}{2}$$

$$\sin 5x(2\cos x + 1) + \cos x + \dfrac{1}{2} = 0$$

$$\sin 5x(2\cos x + 1) + \dfrac{1}{2}(2\cos x + 1) = 0$$

$$\left(\sin 5x + \dfrac{1}{2}\right)(2\cos x + 1) = 0$$

$$\sin 5x = -\dfrac{1}{2}, \quad \cos x = -\dfrac{1}{2}$$

和を積になおすことで「因数分解」にもちこめる.

(ⅰ) $\sin 5x = -\dfrac{1}{2}$ のとき,

$0 \leqq 5x < 10\pi$ より,

$5x = \dfrac{7}{6}\pi, \dfrac{11}{6}\pi, \dfrac{19}{6}\pi, \dfrac{23}{6}\pi, \dfrac{31}{6}\pi, \dfrac{35}{6}\pi, \dfrac{43}{6}\pi, \dfrac{47}{6}\pi, \dfrac{55}{6}\pi,$

$\dfrac{59}{6}\pi$

したがって,

$x = \dfrac{7}{30}\pi, \dfrac{11}{30}\pi, \dfrac{19}{30}\pi, \dfrac{23}{30}\pi, \dfrac{31}{30}\pi, \dfrac{35}{30}\pi, \dfrac{43}{30}\pi, \dfrac{47}{30}\pi, \dfrac{55}{30}\pi,$

$\dfrac{59}{30}\pi$

(ⅱ) $\cos x = -\dfrac{1}{2}$ のとき

$x = \dfrac{2}{3}\pi, \dfrac{4}{3}\pi$

数学Ⅱ

第4章 指数関数・対数関数

4.1 累乗根

no. 054 累乗根

a が実数で，n が正の整数のとき，$x^n = a$ を満たす数 x を，「a の n 乗根」という．

・n が奇数のとき

a の n 乗根は a の正負に関係なくただ 1 つ存在し，それを $\sqrt[n]{a}$ と表す．

<ins>平方根とは異なるので注意</ins>

・n が偶数のとき

正の数 a の n 乗根は 2 つ存在し，そのうち正のものを $\sqrt[n]{a}$，負のものを $-\sqrt[n]{a}$ と表す．

負の数 a の累乗根は存在しない．

例題 次の値を求めよ．

(1) $\sqrt[4]{16}$ (2) $\sqrt[3]{-125}$ (3) $216^{-\frac{2}{3}}$ (4) $\sqrt{\sqrt[3]{64}}$

解答

(1) $\sqrt[4]{16} = \sqrt[4]{2^4} = 2^{\frac{4}{4}} = 2$

(2) $\sqrt[3]{-125} = \sqrt[3]{(-5)^3} = (-5)^{\frac{3}{3}} = -5$

(3) $216^{-\frac{2}{3}} = \left(6^3\right)^{-\frac{2}{3}} = 6^{-2} = \dfrac{1}{36}$

(4) $\sqrt{\sqrt[3]{64}} = \sqrt{(4^3)^{\frac{1}{3}}} = \sqrt{4} = 2$

<ins>内側の根号から順にはずしていく．</ins>

4.2 指数法則

no. 055　指数法則

$a \neq 0$ で，m, n が正の整数のとき，
$a^0 = 1$　(定義)
$a^{\frac{m}{n}} = \sqrt[n]{a^m}$
$a^{-\frac{m}{n}} = \dfrac{1}{\sqrt[n]{a^m}}$

と定義する．

$a \neq 0$, $b \neq 0$ で，m, n が有理数のとき，

・$a^m a^n = a^{m+n}$
・$a^m \div a^n = a^{m-n}$
・$(a^m)^n = a^{mn}$
・$(ab)^m = a^m b^m$
・$\left(\dfrac{a}{b}\right)^m = \dfrac{a^m}{b^m}$

指数法則は有理数まで拡張される．

例題 次の式を簡単にせよ．ただし，$a > 0$ とする．

(1) $\left\{\left(\dfrac{27}{16}\right)^{\frac{2}{3}}\right\}^{-\frac{3}{4}}$

(2) $\left(\dfrac{5}{27}\right)^{-\frac{1}{2}} \left\{\left(\dfrac{27}{125}\right)^{-\frac{1}{3}}\right\}^{\frac{3}{2}}$

(3) $\sqrt{a \sqrt[3]{a \sqrt[4]{a}}}$

(4) $\left(a^{\frac{2}{3}} \times a^{\frac{1}{2}}\right)^6 \div a^{\frac{1}{2}}$

数学 II

解答

(1) (与式) $= \left(\dfrac{27}{16}\right)^{\frac{2}{3}\times\left(-\frac{3}{4}\right)} = \left(\dfrac{27}{16}\right)^{-\frac{1}{2}} = \left(\dfrac{16}{27}\right)^{\frac{1}{2}} = \dfrac{4}{3\sqrt{3}} = \dfrac{4\sqrt{3}}{9}$

(2) (与式) $= \left(\dfrac{5}{27}\right)^{-\frac{1}{2}} \times \left(\dfrac{27}{125}\right)^{-\frac{1}{3}\times\frac{3}{2}} = \left(\dfrac{5}{27}\right)^{-\frac{1}{2}} \times \left(\dfrac{27}{125}\right)^{-\frac{1}{2}}$

$= \left(\dfrac{5}{27} \times \dfrac{27}{125}\right)^{-\frac{1}{2}} = \left(5^{-2}\right)^{-\frac{1}{2}} = 5^{-2\times\left(-\frac{1}{2}\right)} = 5$

(3) (与式) $= \sqrt{a\sqrt[3]{a\cdot a^{\frac{1}{4}}}} = \sqrt{a\sqrt[3]{a^{\frac{5}{4}}}} = \sqrt{a\cdot a^{\frac{5}{4}\cdot\frac{1}{3}}}$ 内側の指数から順に

$= \sqrt{a\cdot a^{\frac{5}{12}}} = \sqrt{a^{\frac{17}{12}}} = a^{\frac{17}{12}\cdot\frac{1}{2}} = a^{\frac{17}{24}}$

(4) (与式) $= \left(a^{\frac{2}{3}+\frac{1}{2}}\right)^{6} \times a^{2} = \left(a^{\frac{7}{6}}\right)^{6} \times a^{2} = a^{7} \times a^{2} = a^{9}$

(5) (与式) $= \left(a^{\frac{2}{3}+\frac{1}{2}}\right)^{6} \div a^{\frac{1}{2}} = \left(a^{\frac{7}{6}}\right)^{6} \div a^{\frac{1}{2}} = a^{7} \div a^{\frac{1}{2}} = a^{7-\frac{1}{2}} = a^{\frac{13}{2}}$

例題 次の計算をせよ．ただし，$a > 0$，$b > 0$ とする．

(1) $\left(a^{\frac{1}{2}} + b^{\frac{1}{2}}\right)\left(a^{\frac{1}{4}} + b^{\frac{1}{4}}\right)\left(a^{\frac{1}{4}} - b^{\frac{1}{4}}\right)$

(2) $\left(a^{\frac{1}{6}} - b^{\frac{1}{6}}\right)\left(a^{\frac{1}{3}} + a^{\frac{1}{6}}b^{\frac{1}{6}} + b^{\frac{1}{3}}\right)\left(a^{\frac{1}{6}} + b^{\frac{1}{6}}\right)\left(a^{\frac{1}{3}} - a^{\frac{1}{6}}b^{\frac{1}{6}} + b^{\frac{1}{3}}\right)$

解答

(1) (与式) $= \left(a^{\frac{1}{2}} + b^{\frac{1}{2}}\right)\left\{\left(a^{\frac{1}{4}}\right)^{2} - \left(b^{\frac{1}{4}}\right)^{2}\right\} = \left(a^{\frac{1}{2}} + b^{\frac{1}{2}}\right)\left(a^{\frac{1}{2}} - b^{\frac{1}{2}}\right)$

$= \left(a^{\frac{1}{2}}\right)^{2} - \left(b^{\frac{1}{2}}\right)^{2} = a - b$

(2) (与式) $= \left(a^{\frac{1}{6}} - b^{\frac{1}{6}}\right)\left\{\left(a^{\frac{1}{6}}\right)^2 + a^{\frac{1}{6}}b^{\frac{1}{6}} + \left(b^{\frac{1}{6}}\right)^2\right\}\left(a^{\frac{1}{6}} + b^{\frac{1}{6}}\right)$

$\left\{\left(a^{\frac{1}{6}}\right)^2 - a^{\frac{1}{6}}b^{\frac{1}{6}} + \left(b^{\frac{1}{6}}\right)^2\right\}$

$= \left\{\left(a^{\frac{1}{6}}\right)^3 - \left(b^{\frac{1}{6}}\right)^3\right\}\left\{\left(a^{\frac{1}{6}}\right)^3 + \left(b^{\frac{1}{6}}\right)^3\right\}$

$= \left(a^{\frac{1}{2}} - b^{\frac{1}{2}}\right)\left(a^{\frac{1}{2}} + b^{\frac{1}{2}}\right)$

$= a - b$

これは、乗法公式 $(a \pm b)(a^2 \mp ab + b^2)$ そのまま。

チャレンジ問題

$x^{\frac{1}{2}} + x^{-\frac{1}{2}} = \sqrt{5}$ のとき，次の式の値を求めよ．
(1) $x + x^{-1}$ (2) $x^2 + x^{-2}$ (3) $x^3 + x^{-3}$

解答

(1) $x + x^{-1} = \left(x^{\frac{1}{2}} + x^{-\frac{1}{2}}\right)^2 - 2x^{\frac{1}{2}} \cdot x^{-\frac{1}{2}}$

$= \left(\sqrt{5}\right)^2 - 2$

$= 3$

(2) $x^2 + x^{-2} = \left(x + x^{-1}\right)^2 - 2x \cdot x^{-1}$

$= 3^2 - 2$

$= 7$

(3) $x^3 + x^{-3} = \left(x + x^{-1}\right)\left(x^2 - x \cdot x^{-1} + \left(x^{-1}\right)^2\right)$

$= 3(7 - 1)$

$= 18$

※ $x^a \times x^{-a} = x^{a-a} = x^0 = 1$

数学Ⅱ

4.3 指数関数とそのグラフ

no.056 □□□ $y = a^x$ のグラフ

$a > 0$, $a \neq 1$ のとき,
$$y = a^x$$
で表される関数を,「a を底とする**指数関数**」という.

このグラフは次のようになる.

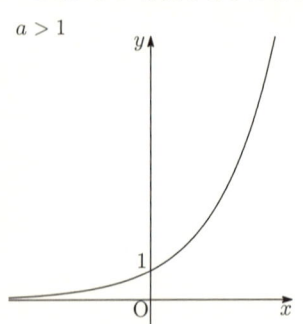

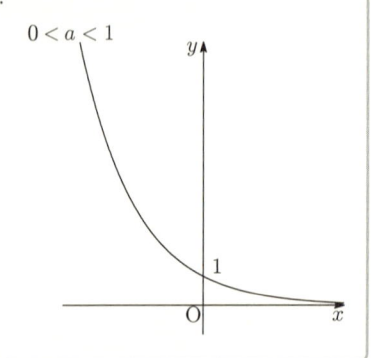

$a > 1$ の場合と $0 < a < 1$ の場合のグラフ

例題 次の指数関数のグラフをかけ.

(1) $y = 2^x$　(2) $y = -\left(\dfrac{1}{2}\right)^x$　(3) $y = -2^{x-1} - 1$

解答

(2) $y = -\left(\dfrac{1}{2}\right)^x = -2^{-x}$ より, $y = 2^x$ のグラフと原点に関して対称である.

(3) $y = -2^{x-1} - 1$ は, $y = 2^x$ のグラフを x 軸対称に移動し, x 軸の正の方向に 1 だけ平行移動し, y 軸の正の方向に -1 だけ平行移動したグラフとなる.

4.3 指数関数とそのグラフ

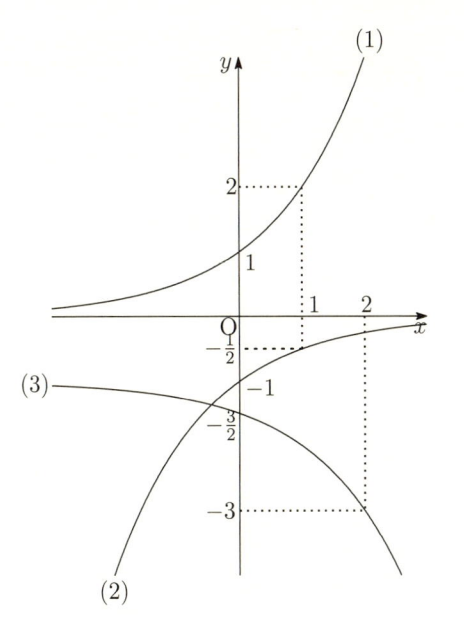

例題 次の各数の大小を調べよ．

(1) $\sqrt{8}$, $(0.25)^{-\frac{2}{3}}$, $\sqrt[3]{2^{-1}}$ (2) $\left(\dfrac{1}{3}\right)^2$, $\left(\dfrac{1}{3}\right)^{-1}$, $\left(\dfrac{1}{3}\right)^{3.5}$

(3) $\sqrt[3]{3}$, $\sqrt[4]{5}$, $\sqrt[5]{6}$

数学II

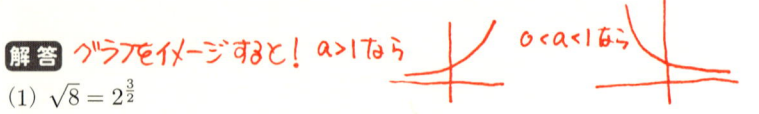

解答 グラフをイメージすると！a>1なら　　0<a<1なら

(1) $\sqrt{8} = 2^{\frac{3}{2}}$

$(0.25)^{-\frac{2}{3}} = \left(\frac{1}{2^2}\right)^{-\frac{2}{3}} = (2^{-2})^{-\frac{2}{3}} = 2^{\frac{4}{3}}$

$\sqrt[3]{2^{-1}} = 2^{-\frac{1}{3}}$

指数を比べると，$-\frac{1}{3} < \frac{4}{3} < \frac{3}{2}$. 底が2で1より大きいので，

$2^{-\frac{1}{3}} < 2^{\frac{4}{3}} < 2^{\frac{3}{2}}$

∴ $\sqrt[3]{2^{-1}} < (0.25)^{-\frac{2}{3}} < \sqrt{8}$

(2) 底 $\frac{1}{3} < 1$ より，$\left(\frac{1}{3}\right)^{3.5} < \left(\frac{1}{3}\right)^{2} < \left(\frac{1}{3}\right)^{-1}$

(3) $\sqrt[3]{3} = 3^{\frac{1}{3}}$, $\sqrt[4]{5} = 5^{\frac{1}{4}}$, $\sqrt[5]{6} = 6^{\frac{1}{5}}$

$3^{\frac{1}{3}}$, $5^{\frac{1}{4}}$ をそれぞれ12乗すると，

$\left(3^{\frac{1}{3}}\right)^{12} = 3^4 = 81$, $\left(5^{\frac{1}{4}}\right)^{12} = 5^3 = 125$

$3^{\frac{1}{3}} > 0$, $5^{\frac{1}{4}} > 0$ で，$\left(3^{\frac{1}{3}}\right)^{12} < \left(5^{\frac{1}{4}}\right)^{12}$ より，$3^{\frac{1}{3}} < 5^{\frac{1}{4}}$

∴ $\sqrt[3]{3} < \sqrt[4]{5}$ …①

$3^{\frac{1}{3}}$, $6^{\frac{1}{5}}$ をそれぞれ15乗すると，

$\left(3^{\frac{1}{3}}\right)^{15} = 3^5 = 243$, $\left(6^{\frac{1}{5}}\right)^{15} = 6^3 = 216$

$3^{\frac{1}{3}} > 0$, $6^{\frac{1}{5}} > 0$ で，$\left(3^{\frac{1}{3}}\right)^{15} > \left(6^{\frac{1}{5}}\right)^{15}$ より，$3^{\frac{1}{3}} > 6^{\frac{1}{5}}$

∴ $\sqrt[5]{6} < \sqrt[3]{3}$ …②

①，②より，$\sqrt[5]{6} < \sqrt[3]{3} < \sqrt[4]{5}$

※ $a>0$, $b>0$, nは自然数のとき，
$a<b \Leftrightarrow a^n < b^n$ という性質を用いた．

4.4 指数関数を含む方程式・不等式

no. 057　指数関数を含む方程式・不等式

・底をそろえる
・$a^x = t\,(t>0)$ として方程式・不等式を解く
・x を求める．おきかえは，定義域のcheck

例題 次の方程式を解け．
(1) $9^x + 3^x = 12$　　(2) $4^{x+1} - 5\cdot 2^{x+2} + 16 = 0$

解答

(1) $3^x = t\ (>0)$ とすると，$9^x = 3^{2x} = t^2$ より，
$$t^2 + t = 12$$　底を3にそろえた．
$$t^2 + t - 12 = 0$$
$$(t+4)(t-3) = 0$$
$$t = -4,\ 3$$
$t > 0$ より，$t = 3$　　∴ $3^x = 3$ より，$x = 1$

(2) $4^{x+1} - 5\cdot 2^{x+2} + 16 = 0$
$$4\cdot 4^x - 5\cdot 4\cdot 2^x + 16 = 0$$
$$4^x - 5\cdot 2^x + 4 = 0$$
$2^x = t\ (>0)$ とすると，$4^x = 2^{2x} = t^2$ より，
$$t^2 - 5t + 4 = 0$$　底を2にそろえた
$$(t-1)(t-4) = 0$$
$$t = 1,\ 4$$
$t = 1$ のとき，$2^x = 1$　　∴ $x = 0$
$t = 4$ のとき，$2^x = 4$　　∴ $x = 2$
したがって，$x = 0,\ 2$

数学II

例題 次の不等式を解け. ただし, $a > 0$ とする.
(1) $2^{2x} - 5 \cdot 2^{x-1} + 1 < 0$
(2) $a^{-x} \geqq a^2$

解答

(1) $2^{2x} - 5 \cdot 2^{x-1} + 1 < 0$

$2^{2x} - \dfrac{5}{2} \cdot 2^x + 1 < 0$

$2 \cdot 2^{2x} - 5 \cdot 2^x + 2 < 0$

$2^x = t \ (> 0)$ とすると,

$2t^2 - 5t + 2 < 0$

$(2t - 1)(t - 2) < 0$

$\dfrac{1}{2} < t < 2$

したがって, $\dfrac{1}{2} < 2^x < 2$

底 $2 > 1$ より, $-1 < x < 1$

(2) (i) $a > 1$ のとき, $-x \geqq 2$ $\quad \therefore \ x \leqq -2$

(ii) $a = 1$ のとき, すべての実数

(iii) $0 < a < 1$ のとき, $-x \leqq 2$ $\quad \therefore \ x \geqq -2$

底の値で場合分け.

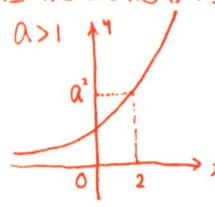

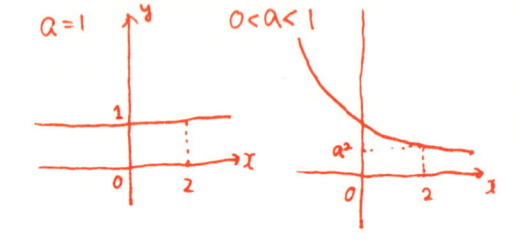

4.5 対数

no. 058 対数

$a > 0$, $a \neq 1$, M を正の実数とするとき,
$$a^p = M$$
となる実数 p がただ1つ定まる.

このとき, この実数 p を
$$p = \log_a M$$
と表し,「a を底とする M の対数」という. また, M を真数という.

例題 次の等式を対数の記号を用いて書き換えよ.

(1) $3^4 = 81$ (2) $10^3 = 1000$ (3) $5^{-2} = \dfrac{1}{25}$ (4) $2^{-5} = \dfrac{1}{32}$

解答

(1) $\log_3 81 = 4$ (2) $\log_{10} 1000 = 3$

(3) $\log_5 \dfrac{1}{25} = -2$ (4) $\log_2 \dfrac{1}{32} = -5$

> $\log_3 81 \Leftrightarrow$ 3を何乗したら81になるのかを答えよ.
> ということだから 4乗すればよい
> $\therefore \log_3 81 = 4$

数学Ⅱ

例題 次の等式を $a^p = M$ の形に書き換えよ．

(1) $\log_2 1024 = 10$ (2) $\log_{10} 0.001 = -3$
(3) $\log_{\sqrt{3}} 9 = 4$ (4) $\log_{\sqrt{2}} 8 = 6$

（手書きメモ）$\log_2 1024 = 10 \Leftrightarrow 2$を10乗したら1024になったということを表わしているから $2^{10} = 1024$

解答

(1) $2^{10} = 1024$ (2) $10^{-3} = 0.001$
(3) $(\sqrt{3})^4 = 9$ (4) $(\sqrt{2})^6 = 8$

例題 次の対数の値を求めよ．

(1) $\log_3 81$ (2) $\log_{27} 3$ (3) $\log_{10} \dfrac{1}{100}$ (4) $\log_2 \dfrac{1}{\sqrt{2}}$

解答

(1) $\log_3 81 = \log_3 3^4$
$ = 4$

（手書きメモ）$\log_3 81 \Leftrightarrow 3$を何乗して81になるか？

(2) $\log_{27} 3 = \log_{27} (3^3)^{\frac{1}{3}}$
$\phantom{\log_{27} 3} = \log_{27} 27^{\frac{1}{3}}$
$\phantom{\log_{27} 3} = \dfrac{1}{3}$

(3) $\log_{10} \dfrac{1}{100} = \log_{10} 10^{-2}$
$\phantom{\log_{10} \dfrac{1}{100}} = -2$

(4) $\log_2 \dfrac{1}{\sqrt{2}} = \log_2 2^{-\frac{1}{2}}$
$\phantom{\log_2 \dfrac{1}{\sqrt{2}}} = -\dfrac{1}{2}$

4.6 対数の性質

no.059 対数の性質

$a > 0$, $a \neq 1$, $M > 0$, $N > 0$ のとき,

- $\log_a MN = \log_a M + \log_a N$ → 積は和に！
- $\log_a \dfrac{M}{N} = \log_a M - \log_a N$ → 商は差に！
- $\log_a M^x = x \log_a M$ （ただし, x は実数）→ 指数は定数倍に

例題 次の式の値を求めよ．ただし，$a > 0$, $a \neq 1$ とする．

(1) $\log_2 24 - \log_2 27 + 2\log_2 6$

(2) $\log_2 \dfrac{35}{27} - \log_2 \dfrac{7}{6} + \log_2 \dfrac{9}{5}$

(3) $\dfrac{1}{2}\log_3 \dfrac{1}{2} - \dfrac{3}{2}\log_3 \sqrt[3]{12} + \log_3 \sqrt{8}$

(4) $\log_a a^2 - \log_a a^{\frac{1}{2}} + 2\log_a \sqrt[4]{a^3}$

(5) $4\log_{10} \sqrt{150} - \log_{10} 54 + \log_{10} 24$

例えば $\log_a MN = \log_a M + \log_a N$ は次のように示すことができる．

$\log_a M = x$, $\log_a N = y$ とすると，

$M = a^x$, $N = a^y$

$\therefore MN = a^x \times a^y$

$MN = a^{x+y}$

したがって

a を $x+y$ 乗すれば MN になるのだから

$\log_a MN = x + y$

数学Ⅱ

解答

(1) (与式) $= \log_2 \dfrac{24}{27} + \log_2 6^2$

$= \log_2 \dfrac{24 \cdot 36}{27}$

$= \log_2 32 = \log_2 2^5 = 5$

(2) (与式) $= \log_2 \dfrac{35}{27} \cdot \dfrac{6}{7} \cdot \dfrac{9}{5}$

$= \log_2 2 = 1$

(3) (与式) $= \dfrac{1}{2} \log_3 \dfrac{1}{2} - \dfrac{1}{2} \log_3 \left(12\dfrac{1}{3}\right)^3 + \dfrac{1}{2} \log_3 8$

$= \dfrac{1}{2} \log_3 \dfrac{1 \cdot 8}{2 \cdot 12}$

$= \dfrac{1}{2} \log_3 \dfrac{1}{3}$

$= -\dfrac{1}{2}$

(4) (与式) $= \log_a a^2 - \log_a a^{\frac{1}{2}} + \log_a a^{\frac{3}{2}}$

$= \log_a a^{2 - \frac{1}{2} + \frac{3}{2}}$

$= \log_a a^3$

$= 3$

(5) (与式) $= \log_{10} 150^2 - \log_{10} 54 + \log_{10} 24$

$= \log_{10} \dfrac{150^2 \cdot 24}{54}$

$= \log_{10} 10000$

$= \log_{10} 10^4$

$= 4$

4.7 底の変換

no. 060 底の変換

a, b, c が正の数で,$a \neq 1, c \neq 1$ のとき,
$$\log_a b = \frac{\log_c b}{\log_c a}$$
が成り立つ. これで底をそろえて計算をする.

例題 次の式を簡単にせよ.

(1) $\log_2 27 + \log_4 9 + \log_2 \frac{1}{9}$ (2) $\log_2 3 \cdot \log_{27} 32$

(3) $7^{\frac{\log_2 3}{\log_2 7}}$ (4) $(\log_3 4 + \log_9 4)(\log_2 27 - \log_4 9)$

解答

(1) (与式) $= \log_2 3^3 + \dfrac{\log_2 3^2}{\log_2 4} + \log_2 3^{-2}$

$= \log_2 3^3 + \log_2 3 + \log_2 3^{-2}$

$= \log_2 3^{3+1-2}$

$= 2\log_2 3$

(2) (与式) $= \log_2 3 \cdot \dfrac{\log_2 2^5}{\log_2 3^3}$

$= \log_2 3 \cdot \dfrac{5}{3\log_2 3}$

$= \dfrac{5}{3}$

(3) $\dfrac{\log_2 3}{\log_2 7} = \log_7 3$ より, (与式) $= 7^{\log_7 3} = 3$

$\log_a b = \dfrac{\log_c b}{\log_c a}$ は次のように示すことができる.

$\log_a b = x$ とすると $a^x = b$

両辺が正より,底が c である対数をとると

$\log_c a^x = \log_c b$

$x \log_c a = \log_c b$

$x = \dfrac{\log_c b}{\log_c a}$

$\therefore \log_a b = \dfrac{\log_c b}{\log_c a}$

※ $a^{\log_a b} = b$ となる. なぜなら,

$a^x = b$ とすると $x = \log_a b$

よって, $a^{\log_a b} = b$

(4) (与式) $= \left(\log_3 2^2 + \dfrac{\log_3 2^2}{\log_3 3^2}\right)\left(\dfrac{\log_3 3^3}{\log_3 2} - \dfrac{\log_3 3^2}{\log_3 2^2}\right)$

$= (2\log_3 2 + \log_3 2)\left(\dfrac{3}{\log_3 2} - \dfrac{1}{\log_3 2}\right)$

$= 3\log_3 2 \cdot \dfrac{2}{\log_3 2}$

$= 6$

例題 次の問いに答えよ．

(1) $\log_2 3 = a$，$\log_3 5 = b$ とするとき，$\log_{60} 135$ を a，b で表せ．

(2) $\log_3 2 = a$，$\log_2 7 = b$ とするとき，$\log_{21} 42$ を a，b で表せ．

解答

(1) $\log_2 3 = \dfrac{1}{\log_3 2}$ より，$\log_3 2 = \dfrac{1}{a}$

$\log_{60} 135 = \dfrac{\log_3 135}{\log_3 60} = \dfrac{\log_3 3^3 \cdot 5}{\log_3 2^2 \cdot 3 \cdot 5}$

$= \dfrac{3\log_3 3 + \log_3 5}{2\log_3 2 + \log_3 3 + \log_3 5}$

$= \dfrac{3 + b}{\dfrac{2}{a} + 1 + b}$

$= \dfrac{3a + ab}{2 + a + ab}$

(手書きメモ) もちろん底を2にそろえてもよい
$\log_3 5 = \dfrac{\log_2 5}{\log_2 3}$ ∴ $b = \dfrac{\log_2 5}{a}$
⇔ $\log_2 5 = ab$

$\log_{60} 135 = \dfrac{\log_2 3^3 \cdot 5}{\log_2 2^2 \cdot 3 \cdot 5}$

$= \dfrac{3\log_2 3 + \log_2 5}{2\log_2 2 + \log_2 3 + \log_2 5}$

$= \dfrac{3a + ab}{2 + a + ab}$

(2) $\log_3 2 = \dfrac{1}{\log_2 3}$ より，$\log_3 2 = \dfrac{1}{a}$

$\log_{14} 42 = \dfrac{\log_2 42}{\log_2 14} = \dfrac{\log_2 2 \cdot 3 \cdot 7}{\log_2 2 \cdot 7}$

$= \dfrac{\log_2 2 + \log_2 3 + \log_2 7}{\log_2 2 + \log_2 7}$

$= \dfrac{1 + \dfrac{1}{a} + b}{1 + b}$

$= \dfrac{1 + a + ab}{a + ab}$

4.8 対数関数とそのグラフ

no. 061 対数関数とそのグラフ

$a > 0$, $a \neq 1$ のとき,
$$y = \log_a x$$
で表される関数を,「a を底とする対数関数」という.

このグラフは次のようになる.

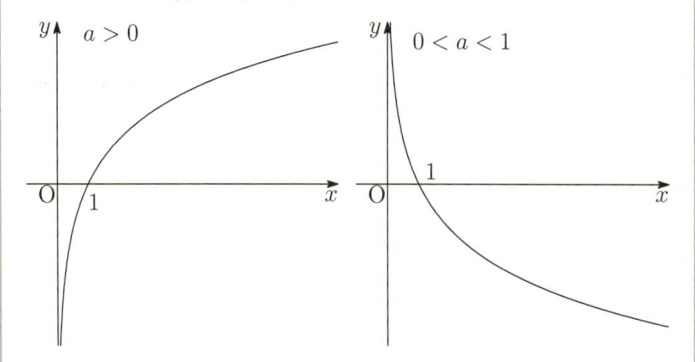

※指数関数のグラフは、対数関数のグラフと $y=x$ に関して対称.

例題 $y = \log_2 x$ のグラフをもとにして,次の関数のグラフをかけ.

(1) $y = \log_2(-x)$ (2) $y = \log_2 \dfrac{1}{x}$ (3) $y = \log_2 4x$

解答

(1) $f(x) = \log_2 x$ とすると,$f(-x) = \log_2(-x)$ より,$y = \log_2(-x)$ は $y = \log_2 x$ と y 軸に関して対称したものとなる.

(2) $y = \log_2 \dfrac{1}{x} = -\log_2 x$ より,$y = \log_2 \dfrac{1}{x}$ は $y = \log_2 x$ と x 軸に関して対称したものとなる.

$\log_2 4 + \log_2 x = 2\log_2 2 + \log_2 x$

(3) $y = \log_2 4x = 2 + \log_2 x$ より,$y = \log_2 4x$ は $y = \log_2 x$ を y 軸の正の方向に 2 だけ平行移動したものとなる.

数学Ⅱ

(1)

(2)

(3)

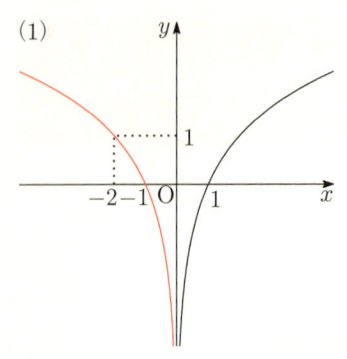

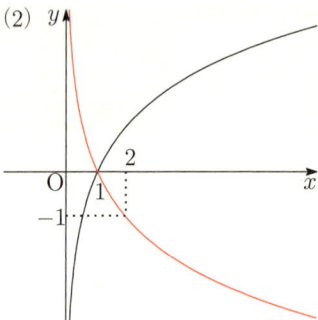

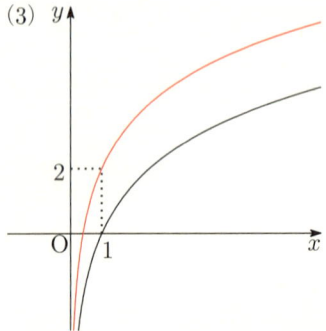

例題 次の数の大小を調べ，小さいものから順に並べよ．

(1) $\log_2 3$, $\log_3 2$, $\log_4 8$
(2) $4\log_9 2$, $\log_3 6$, 2

解答

(1) $\log_2 3 > \log_2 2 = \log_3 3 = 1 > \log_3 2$

$\log_4 8 = \dfrac{\log_2 8}{\log_2 4} = \dfrac{3}{2} = \dfrac{3}{2}\log_2 2 = \log_2 (2)^{\frac{3}{2}}$

ここで，$3^2 > 2^3 = \left(2^{\frac{3}{2}}\right)^2$ より，$3 > 2^{\frac{3}{2}}$ であるから，$\log_2 3 > \log_4 8 = \dfrac{3}{2}$

以上より，$\log_2 3 > \log_4 8 > \log_3 2$

$\log_3 2 = \dfrac{\log_2 2}{\log_2 3} = \dfrac{1}{\log_2 3}$ ここで $\log_2 3 > 1$ より

$\dfrac{1}{\log_2 3} < \log_2 3$ ∴ $\log_3 2 < \log_2 3$

としてもよい

(2) $4\log_9 2 = \dfrac{\log_3 2^4}{\log_3 3^2} = 2\log_3 2 = \log_3 4$ (底をそろえた)

$\log_3 6 = \dfrac{\log_3 6}{\log_3 3} = \log_3 6$

$2 = 2\log_3 3 = \log_3 9$

したがって，$2 > \log_3 6 > 4\log_9 2$

チャレンジ問題

$1 < a < b < a^2$ のとき，2，$\log_a b$，$\log_b a$，$\log_{ab} a^2$ の大小を比べよ．

解答

$\log_{10} a = A$，$\log_{10} b = B$ とすると，$1 < a < b < a^2$ より，$0 < A < B < 2A$ であるから，A で割って，

$$1 < \dfrac{B}{A} < 2$$

($\log_{10} 1 < \log_{10} a < \log_{10} b < \log_{10} a^2$)

したがって，

$$1 < \dfrac{\log_{10} b}{\log_{10} a} < 2 \iff 1 < \log_a b < 2$$

また，$\log_{ab} a^2 = \dfrac{2\log_{10} a}{\log_{10} a + \log_{10} b} = \dfrac{2A}{A+B}$ で $0 < A < B$ より，

$$\dfrac{2A}{A+B} < \dfrac{2A}{A+A} < 1 \iff \log_{ab} a^2 < 1$$

ここで，(分母が小さい)

$$\log_{ab} a^2 - \log_b a = \dfrac{2A}{A+B} - \dfrac{A}{B} = \dfrac{A(B-A)}{B(A+B)}$$

$B - A > 0$，$A + B > 0$ より，$\dfrac{A(B-A)}{B(A+B)} > 0$

$\therefore \log_{ab} a^2 > \log_b a$

以上より，$\log_b a < \log_{ab} a^2 < \log_a b < 2$

数学 II

4.9 対数関数を含む方程式・不等式

no.062 対数関数を含む方程式・不等式

- 真数条件より，変数の値の範囲を出しておく．
- 対数の性質を用いて，$\log_a A = \log_a B$ または $\log_a A > \log_a B$ の形をつくる．
- 両辺の log をはずす．ただし，不等式の場合は底が 1 より大きいか小さいかに注意する．

例題 次の方程式を解け．

(1) $\log_2 x - \log_x 16 = 3$　　(2) $\log_2 (3x) = \log_3 (2x)$

解答

(1)
$$\log_2 x - \log_x 16 = 3$$

$x > 0$（真数条件）
$x \neq 1$（底）
※ $\log_2 x$ は全実数をとれることに注意

$$\log_2 x - \frac{\log_2 2^4}{\log_2 x} = 3$$

$$(\log_2 x)^2 - 3\log_2 x - 4 = 0$$
$$(\log_2 x - 4)(\log_2 x + 1) = 0$$
$$\log_2 x = 4, \ -1$$
$$x = 2^4, \ 2^{-1}$$

したがって，$x = 16, \ \dfrac{1}{2}$

(2)
$$\log_2 (3x) = \log_3 (2x)$$

$x > 0$（真数条件）

$$\log_2 3 + \log_2 x = \frac{\log_2 2 + \log_2 x}{\log_2 3}$$　底の変換

$$(\log_2 3)^2 + \log_2 x \cdot \log_2 3 = 1 + \log_2 x$$
$$\log_2 x \cdot (\log_2 3 - 1) = 1 - (\log_2 3)^2$$
$$\log_2 x \cdot (\log_2 3 - 1) = -(\log_2 3 + 1)(\log_2 3 - 1)$$

定数だからわってよい

4.9 対数関数を含む方程式・不等式

$$\log_2 x = -(\log_2 3 + 1)$$
$$\log_2 x = -\log_2 6$$
$$\log_2 x = \log_2 6^{-1}$$
$$x = \frac{1}{6}$$

例題 次の不等式を解け.

(1) $\log_8 (2-x) + \log_{64} (x+1) \geqq \log_4 x$
(2) $\log_2 (x+1) + \log_{0.5} (4-x^2) > -1$

解答

(1) 真数条件より，$x < 2$ かつ $-1 < x$ かつ $x > 0$ であるから，

$$0 < x < 2 \cdots \text{①}$$
$$\log_8 (2-x) + \log_{64} (x+1) \geqq \log_4 x$$
$$\frac{\log_2 (2-x)}{3} + \frac{\log_2 (x+1)}{6} \geqq \frac{\log_2 x}{2}$$
$$2\log_2 (2-x) + \log_2 (x+1) \geqq 3\log_2 x$$
$$\log_2 (2-x)^2 (x+1) \geqq \log_2 x^3$$
$$-3x^2 + 4 \geqq 0$$
$$x^2 \leqq \frac{4}{3}$$
$$-\frac{2\sqrt{3}}{3} \leqq x \leqq \frac{2\sqrt{3}}{3}$$

①より，$0 < x \leqq \dfrac{2\sqrt{3}}{3}$

(2) 真数条件より，$-1 < x$ かつ $-2 < x < 2$ であるから，

$$-1 < x < 2 \cdots \text{①}$$
$$\log_2 (x+1) + \log_{0.5} (4-x^2) > -1$$
$$\log_2 (x+1) + \frac{\log_2 4-x^2}{-1} > -1$$
$$\log_2 \frac{x+1}{4-x^2} > -1$$

数学 II

$$\frac{x+1}{(4-x^2)} > 2^{-1}$$

真数は正より，両辺に $4-x^2$ をかけて，

$$x+1 > \frac{1}{2}(4-x^2)$$

$$x^2 + 2x - 2 > 0$$
$$x < -1-\sqrt{3},\ x > -1+\sqrt{3}$$

①より，$-1+\sqrt{3} < x < 2$

チャレンジ問題

連立方程式 $\begin{cases} -13 \cdot 2^x + 2^y = 24 \\ \log_3(y+2) = 1 + \log_3 x \end{cases}$ を解け．

解答

真数条件より，$y > -2$，$x > 0$

$\log_3(y+2) = 1 + \log_3 x$
$\log_3(y+2) = \log_3(3x)$
$y + 2 = 3x$
$y = 3x - 2$

$-13 \cdot 2^x + 2^y = 24$ に代入して，$-13 \cdot 2^x + 2^{3x-2} = 24$

ここで $2^x = t\ (>0)$ とすると，

$$-13t + \frac{t^3}{4} = 24$$

$$t^3 - 52t - 96 = 0$$
$$(t+2)(t+6)(t-8) = 0$$
$$t = -2,\ -6,\ 8$$

$t > 0$ より，$t = 8$
したがって，$2^x = 8$
∴ $x = 3,\ y = 7$（これは，真数条件を満たす）

チャレンジ問題

不等式 $\log_a (2x^2 - 4x - 6) > \log_a (x^2 + x)$ を解け．

解答

真数条件より，$\begin{cases} 2x^2 - 4x - 6 > 0 \Leftrightarrow x > 3,\ x < -1 \\ x^2 + x > 0 \Leftrightarrow x > 0,\ x < -1 \end{cases}$

であるから，

$x < -1,\ x > 3$ …①

> 底 $a>1$ なら大小関係保存
> 底 $0<a<1$ なら大小関係が逆

(i) $a > 1$ のとき，

$2x^2 - 4x - 6 > x^2 + x$

$x^2 - 5x - 6 > 0$

$(x-6)(x+1) > 0$

$x < -1,\ x > 6$

①より，$x < -1,\ x > 6$

(ii) $0 < a < 1$ のとき，

$2x^2 - 4x - 6 < x^2 + x$

$x^2 - 5x - 6 < 0$

$(x-6)(x+1) < 0$

$-1 < x < 6$

①より，$3 < x < 6$

したがって，

$a > 1$ のとき $x < -1,\ x > 6$

$0 < a < 1$ のとき $3 < x < 6$

数学II

4.10 常用対数とその利用

no.063 常用対数

底が 10 の対数を**常用対数**という．

常用対数を用いることで数の計算を効率的に行うことができる．

no.064 桁数と最高位の数字

常用対数の整数部分が桁数，小数部分が最高位の数を求めるポイントとなる．ある数 N が，

$$\log_{10} N = n + \alpha \quad (\text{ただし}, \ 0 \leqq \alpha < 1)$$

と表されたとする．

(1) $n \geqq 0$ ならば N の桁数は $(n+1)$ 桁で，最高位の数字は 10^α の最初の数

(2) $n < 0$ ならば N は小数第 $(-n)$ 位に初めて 0 でない数字が現れ，その数字は 10^α の最初の数である．

例題 次の問いに答えよ．ただし，$\log_{10} 2 = 0.3010$，$\log_{10} 3 = 0.4771$ とする．

(1) 18^{20} は何桁の整数であるか．また，最高位の数字は何か．

(2) $\left(\dfrac{2}{3}\right)^{15}$ は小数第何位に初めて 0 でない数字が現れるか．また，その数字は何か．

4.10 常用対数とその利用

解答

(1) $\log_{10} 18^{20} = 20 \log_{10} 2 \cdot 3^2$　　　　常用対数をとる

$\quad = 20 (\log_{10} 2 + 2 \log_{10} 3)$

$\quad = 20 (0.3010 + 0.9542)$

$\quad = 25.104$　　→ 25が桁数, 0.104が最高位の数を考えるポイント

$25 < \log_{10} 18^{20} < 26$ より, $10^{25} < 18^{20} < 10^{26}$

したがって, 26桁の整数である.

また, 最高位の数字を k とすると,

$$k \leqq 10^{0.104} < k+1$$
$$\log_{10} k \leqq 0.104 < \log_{10} k+1$$

ここで, $\log_{10} 1 = 0$, $\log_{10} 2 = 0.3010$ より,

$\log_{10} 1 < 0.104 < \log_{10} 2$ となるので, 最高位の数字は 1 である.

(2) $\log_{10} \left(\dfrac{2}{3}\right)^{15} = 15 (\log_{10} 2 - \log_{10} 3)$

$\quad = 15 (0.3010 - 0.4771)$

$\quad = -2.6415$　　→ -3が桁数, 3-2.6415=0.3585が最高位の数を考えるポイント!

$-3 < \log_{10} \left(\dfrac{2}{3}\right)^{15} < -2$ より, $10^{-3} < \left(\dfrac{2}{3}\right)^{15} < 10^{-2}$ となるので,

小数第3位に最初に0でない数字が現れる.

また, 最高位の数字を k とすると,

$$k \leqq 10^{3-2.6415} < k+1$$
$$k \leqq 10^{0.3585} < k+1$$

123

ここで，$\log_{10} 2 = 0.3010$，$\log_{10} 3 = 0.4771$ より，$\log_{10} 2 < 10^{0.3585} < \log_{10} 3$ となるので，最初に表れる数字は 2 である．

※ $\log_{10} N = n + \alpha$ ($0 \leq \alpha < 1$) とすると n が「整数部分」，α が「小数部分」で，小数部分は <u>0から1の間の数</u> ということが大切！
特に負の数のときは注意が必要

-2.6415 の整数部分は，これをこえない最大の整数で「-3」となる．
小数部分は $-2.6415 - (-3) = 3 - 2.6415 = 0.3585$

数学II

第5章 微分と積分

数学 II

5.1 極限の定義

no.065 極限の定義

x の関数 $f(x)$ において，x が a に限りなく近づくとき，$f(x)$ が b に限りなく近づく場合，「$x \to a$ のときの $f(x)$ の**極限**は b である」といい，
$$\lim_{x \to a} f(x) = b$$
と書き，b を x が a に限りなく近づくときの**極限値**という．

例題 次の極限値を求めよ．

(1) $\lim_{x \to 2} (x^3 + 2x^2 - 8)$ (2) $\lim_{x \to -1} \dfrac{x^2 - 3x - 4}{x^2 + 3x + 2}$

解答

(1) $\lim_{x \to 2} (x^3 + 2x^2 - 8) = 2^3 + 2 \cdot 2^2 - 8 = 8$

(2) $\lim_{x \to -1} \dfrac{x^2 - 3x - 4}{x^2 + 3x + 2} = \lim_{x \to -1} \dfrac{(x-4)(x+1)}{(x+2)(x+1)}$

$\qquad\qquad\qquad\qquad = \lim_{x \to -1} \dfrac{x - 4}{x + 2}$

$\qquad\qquad\qquad\qquad = \dfrac{-1 - 4}{-1 + 2} = -5$

(2)のように $\dfrac{0}{0}$ になってしまうものを「不定形」という．不定形の極限値については，0 に近づく因数を約分することで極限値を求める．

5.1 極限の定義

例題 $\lim_{x \to 2} \dfrac{x^2 + ax + b}{x^2 - 5x + 6} = 2$ のとき，a, b の値を求めよ．

解答

$$\lim_{x \to 2} \dfrac{x^2 + ax + b}{x^2 - 5x + 6} = \lim_{x \to 2} \dfrac{x^2 + ax + b}{(x-2)(x-3)} \text{ より},$$

分子は $(x-2)(x+p)$ の形に因数分解できる．

$$\lim_{x \to 2} \dfrac{(x-2)(x+p)}{(x-2)(x-3)} = \lim_{x \to 2} \dfrac{x+p}{x-3} = \dfrac{2+p}{2-3}$$

したがって，

$$\dfrac{2+p}{-1} = 2 \quad \therefore \quad p = -4$$

よって，$x^2 + ax + b = (x-2)(x-4)$ より，$a = -6$, $b = 8$

x-2 が 0 に近づく因数であるから，これを約分しなくてはいけない．

5.2 極限の性質

no. 066 極限の性質

$\lim_{x \to a} f(x) = \alpha$ と $\lim_{x \to a} g(x) = \beta$ のとき,

- $\lim_{x \to a} \{f(x) \pm g(x)\} = \alpha \pm \beta$ （複号同順）
- $\lim_{x \to a} \{kf(x)\} = k\alpha$ （k は定数）
- $\lim_{x \to a} \{f(x) g(x)\} = \alpha\beta$
- $\lim_{x \to a} \left\{ \dfrac{f(x)}{g(x)} \right\} = \dfrac{\alpha}{\beta}$ （ただし, $\beta \neq 0$）

が成り立つ.

5.3 微分係数の定義

no. 067 微分係数の定義

$$f'(a) = \lim_{h \to 0} \frac{f(a+h) - f(a)}{h}$$

※微分係数は次のようにも定義できる．

$$f'(a) = \lim_{b \to a} \frac{f(b) - f(a)}{b - a} \qquad f'(a) = \lim_{x \to a} \frac{f(x) - f(a)}{x - a}$$

例題 次の極限値を微分係数 $f'(a)$ を用いて表せ．

(1) $\displaystyle \lim_{h \to 0} \frac{f(a+3h) - f(a)}{h}$ (2) $\displaystyle \lim_{h \to 0} \frac{f(a+h) - f(a-h)}{h}$

解答

(1) $\displaystyle \lim_{h \to 0} \frac{3\{f(a+3h) - f(a)\}}{3h} = 3\lim_{h \to 0} \frac{f(a+3h) - f(a)}{3h} = 3f'(a)$

※ ここをそろえる．

(2) $\displaystyle \lim_{h \to 0} \frac{f(a+h) - f(a-h)}{h}$ イメージは h と $3h$ だと減り方が異なるので減るスピードをそろえる．

$= \displaystyle \lim_{h \to 0} \frac{f(a+h) - f(a) - \{f(a-h) - f(a)\}}{h}$

$= \displaystyle \lim_{h \to 0} \frac{f(a+h) - f(a)}{h} + \lim_{h \to 0} \frac{f(a-h) - f(a)}{-h}$

$= f'(a) + f'(a)$

$= 2f'(a)$

※ $\dfrac{f(a+\square) - f(a)}{\square}$ という形をつくればよい．

数学Ⅱ

例題 関数 $y = f(x)$ において，次の値を a, $f(a)$, $f'(a)$ を用いて表せ．

$$\lim_{x \to a} \frac{x^2 f(x) - a^2 f(a)}{x^2 - a^2}$$

解答

$$\lim_{x \to a} \frac{x^2 f(x) - a^2 f(a)}{x^2 - a^2} = \lim_{x \to a} \frac{x^2 \{f(x) - f(a)\} + (x^2 - a^2) f(a)}{x^2 - a^2}$$

$$= \lim_{x \to a} \left\{ \frac{x^2}{x + a} \cdot \frac{f(x) - f(a)}{x - a} \right\} + f(a)$$

$$= \frac{a^2}{2a} \cdot f'(a) + f(a)$$

$$= \frac{a}{2} \cdot f'(a) + f(a)$$

※ xには無関係であるから $\lim_{x \to a} f(a) = f(a)$

※ $f'(a) = \lim_{x \to a} \frac{f(x) - f(a)}{x - a}$ であるから，$\frac{f(x) - f(a)}{x - a}$ の形をつくる

5.4 導関数の定義

no.068 導関数の定義

$f(x)$ の導関数 $f'(x)$ は,
$$f'(x) = \lim_{h \to 0} \frac{f(x+h) - f(x)}{h}$$
である.

(手書き注: $x=a$ における微分係数 $f'(a)$ で a を変数とみれば1つの関数とみなせる. a を x でおきかえた $f'(x)$ を $f(x)$ の導関数という)

※ $f(x)$ の導関数 $f'(x)$ は, $\dfrac{d}{dx} f(x)$ と書くこともある. また, $y = f(x)$ のとき, y' を $\dfrac{dy}{dx}$ と書くこともある.

例題 導関数の定義にしたがって, 次の関数の導関数を求めよ.
(1) $f(x) = x^2$　　(2) $f(x) = x^3 + 2x$

解答

(1) $f'(x) = \lim_{h \to 0} \dfrac{(x+h)^2 - x^2}{h}$

$= \lim_{h \to 0} \dfrac{2xh + h^2}{h}$ 　→ *不定形だから因数 h でわる.*

$= \lim_{h \to 0} (2x + h) = 2x$

(2) $f'(x) = \lim_{h \to 0} \dfrac{\{(x+h)^3 - x^3\} + 2\{(x+h) - x\}}{h}$

$= \lim_{h \to 0} \dfrac{3x^2h + 3xh^2 + h^3}{h} + 2 \lim_{h \to 0} \dfrac{h}{h}$　　*($\lim_{h \to 0} \dfrac{h}{h} = \lim_{h \to 0} 1 = 1$)*

$= \lim_{h \to 0} (3x^2 + 3xh + h^2) + 2$

$= 3x^2 + 2$

5.5 微分公式

no. 069 微分公式

- c が定数のとき,
  $(c)' = 0$
- n が正の整数のとき,
  $(x^n)' = nx^{n-1}$
- $\{f(x) \pm g(x)\}'$
  $\{f(x) \pm g(x)\}' = f'(x) + g'(x)$
- $\{kf(x)\}'$ （k は定数）
  $\{kf(x)\}' = kf'(x)$
- $\{f(ax+b)\}'$
  $\{f(ax+b)\}' = af'(ax+b)$ ← 忘れないように！
- $\{f(x)g(x)\}'$ ← 範囲外の公式だが，覚えておくと便利！
  $\{f(x)g(x)\}' = f'(x)g(x) + f(x)g'(x)$

例題 次の関数を微分せよ．

(1) $y = 3x^3 - x^2 + x + 1$ (2) $y = (x+2)(x^2+x+4)$
(3) $y = (2x+3)^3$

5.5 微分公式

解答

(1) $y' = 3\cdot 3x^2 - 1\cdot 2x + 1 = 9x^2 - 2x + 1$

(2) $y = x^3 + 3x^2 + 6x + 8$ より,
$y' = 3x^2 + 3\cdot 2x + 6 = 3x^2 + 6x + 6$

(3) $y = 8x^3 + 36x^2 + 54x + 27$ より,
$y' = 8\cdot 3x^2 + 36\cdot 2x + 54$
$= 24x^2 + 72x + 54$

別解

(2) $y' = 1\cdot(x^2 + x + 4) + (x+2)\cdot(2x+1)$ $\{f(x)\cdot g(x)\}' = f'(x)\cdot g(x) + f(x)\cdot g'(x)$
$= x^2 + x + 4 + 2x^2 + 5x + 2$ を使った.
$= 3x^2 + 6x + 6$

(3) $y' = 2\cdot 3(2x+3)^2$ $\{f(ax+a)\}' = a\cdot f'(ax+a)$
$= 6(4x^2 + 12x + 9)$ を使った.
$= 24x^2 + 72x + 54$

数学Ⅱ

5.6 接線の方程式

no.070 接線の方程式

曲線 $y = f(x)$ 上の点 $(\alpha, f(\alpha))$ における**接線の方程式**は，
$$y - f(\alpha) = f'(\alpha)(x - \alpha)$$

$x = \alpha$ における微分係数は「接線の傾き」である．

例題 次の問いに答えよ．

(1) 曲線 $y = x^2 - 2x$ 上の点 $(3, 3)$ における接線の方程式を求めよ．
(2) 曲線 $y = x^3 - x^2$ に点 $(0, 3)$ からひいた接線の方程式を求めよ．

解答

(1) $y = f(x)$ とすると，$f'(x) = 2x - 2$ より，点 $(3, 3)$ における接線の傾きは，$x=3$ における微分係数
$$f'(3) = 6 - 2 = 4$$
したがって，接線の方程式は，$y = 4(x - 3) + 3$ ∴ $y = 4x - 9$

(2) $y = f(x)$ とすると，この曲線上の点 $(t, t^3 - t^2)$ における接線の傾きは，$x=t$ における微分係数
$$f'(t) = 3t^2 - 2t$$
したがって，接線の方程式は，$y = (3t^2 - 2t)(x - t) + t^3 - t^2$ となる．これが $(0, 3)$ を通ることより，
$$3 = -3t^3 + 2t^2 + t^3 - t^2$$
$$2t^3 - t^2 + 3 = 0$$
これを解いて，$t = -1, \dfrac{3 \pm \sqrt{15}i}{4}$

t は実数より，$t = -1$．よって，$y = 5x + 3$

5.6 接線の方程式

チャレンジ問題

直線 ℓ が 2 つの放物線 $C_1: y = x^2$，$C_2: y = x^2 - 2ax + 2a^2$ に同時に接するという．ただし，$a \neq 0$ とする．

(1) 直線 ℓ の方程式を求めよ．
(2) 直線 ℓ と放物線 C_1，C_2 との接点をそれぞれ P，Q とするとき，$PQ = \sqrt{2}$ となる a の値を求めよ．

解答

(1) C_1 上の点 (t, t^2) における接線の方程式を求めると，$y' = 2x$ より，

$$y - t^2 = 2t(x - t) \quad \therefore y = 2tx - t^2 \cdots ①$$

となる．

C_2 上の点 $(u, u^2 - 2au + 2a^2)$ における接線の方程式を求めると，$y' = 2x - 2a$ より，

$$y - (u^2 - 2au + 2a^2) = (2u - 2a)(x - u)$$
$$\therefore y = (2u - 2a)x - u^2 + 2a^2 \cdots ②$$

①，②が一致することより，

$$\begin{cases} 2t = 2u - 2a \\ -t^2 = -u^2 + 2a^2 \end{cases}$$

これを解いて，$u = \dfrac{3}{2}a$，$t = \dfrac{1}{2}a$

したがって，接線の方程式は，$y = ax - \dfrac{1}{4}a^2$

(2) $P\left(\dfrac{1}{2}a, \dfrac{1}{4}a^2\right)$，$Q\left(\dfrac{3}{2}a, \dfrac{5}{4}a^2\right)$ より，

$$\left(\dfrac{5}{4}a^2 - \dfrac{1}{4}a^2\right)^2 + \left(\dfrac{3}{2}a - \dfrac{1}{2}a\right)^2 = 2$$

$$a^4 + a^2 - 2 = 0$$

$$(a^2 + 2)(a^2 - 1) = 0$$

$$a = \pm 1 \quad (a \text{ は実数})$$

数学Ⅱ

別解

(1) $C_1: y = x^2$, $C_2: y = (x-a)^2 + a^2$ より, C_1 の頂点は $\mathrm{O}(0, 0)$, C_2 の頂点は $\mathrm{A}(a, a^2)$ となる.

ここで, C_1, C_2 に同時に接する直線の傾きは, 2 つの放物線の頂点を通る直線 OA に平行である.

ここで, OA の傾きは a である. C_1 上の点 (t, t^2) における接線は $y = 2tx - t^2$ より,

$$2t = a \quad \therefore \quad t = \frac{1}{2}a$$

したがって, 接線の方程式は $y = ax - \frac{1}{4}a^2$

2次の項の係数が等しければ この方法が使える.

5.7 導関数の符号と関数の増減

no. 071 導関数の符号と関数の増減

ある区間で,
- つねに $f'(x) > 0$ ならば, $f(x)$ はその区間で増加する.
- つねに $f'(x) < 0$ ならば, $f(x)$ はその区間で減少する.

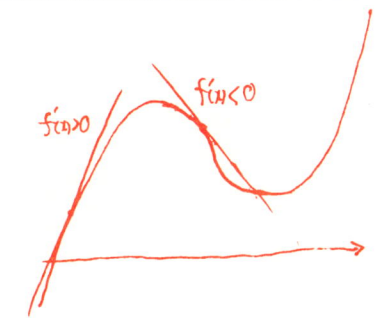

$f'(x) > 0 \Leftrightarrow f(x)$ は増加 $\Leftrightarrow y = f(x)$ のグラフは右上がり

$f'(x) < 0 \Leftrightarrow f(x)$ は減少 $\Leftrightarrow y = f(x)$ のグラフは右下がり

数学II

5.8 増減表

no.072 増減表

$y = f(x)$ のグラフをかくとき，次のように増減表をかいて概形を求める．

(1) 1行目は，$y' = 0$ となる x の値をかく．
(2) 2行目は，y' の値をかく．
(3) 3行目は，y の値をかく．

この手順をしっかりと覚えよう！！

例題 増減表をかいて，$y = 2x^3 - 6x$ のグラフをかけ．

(1) $y' = 6x^2 - 6$
$\quad = 6(x+1)(x-1)$
より，$y' = 0$ となる x の値は，1 と -1 である．

x	$\cdots$	-1	$\cdots$	1	$\cdots$
y'					
y					

(2) $x < -1$ のとき，$y' > 0$
$-1 < x < 1$ のとき，$y' < 0$
$x > 1$ のとき，$y' > 0$
となるので，正のとき＋，負のとき－を書き込む

x	$\cdots$	-1	$\cdots$	1	$\cdots$
y'	$+$	0	$-$	0	$+$
y					

(3) 2段目が＋のところは ↗，－のところは ↘ を書き込み，2段目が 0 のところは，y の値を書き込む．

x	$\cdots$	-1	$\cdots$	1	$\cdots$
y'	$+$	0	$-$	0	$+$
y	↗	4	↘	-4	↗

この2ヶ所でグラフの増減がいれかわる．

これをもとにしてグラフをかくと右図のようになる.

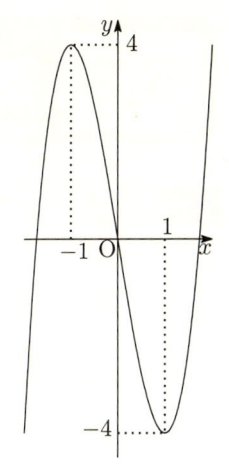

例題 増減表をかいて, $y = x^3 + 3x^2 + 3x + 1$ のグラフをかけ.

解答

(1) $y' = 3x^2 + 6x + 3 = 3(x+1)^2$ より, $y' = 0$ となる x の値は, -1 である.

(2) $x < -1$ のとき, $y' > 0$
$x > -1$ のとき, $y' > 0$
となる.

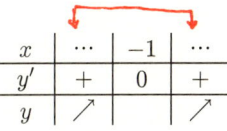

(3) 以上のことから, 増減表をかくと右の表のようになる.
したがって, グラフは下図のようになる.

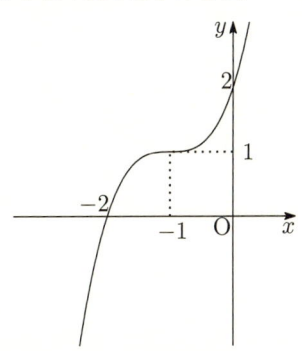

常に符号がかわるわけではない

x	$\cdots$	-1	$\cdots$
y'	$+$	0	$+$
y	↗		↗

5.9 極値

073 極値

ある x の値 a を境にして $f(x)$ の値が

- 増加から減少に変わるとき，$f(x)$ は $x=a$ において**極大**になるといい，$f(a)$ の値を**極大値**という．
- 減少から増加に変わるとき，$f(x)$ は $x=a$ において**極小**になるといい，$f(a)$ の値を**極小値**という．

極大値と極小値をあわせて**極値**という．

※手書き注記：ここで極大／ここで極小

例題 3次関数 $f(x) = x^3 - ax^2 - bx + c$ が $x=-1$ で極大値 8 をとり，$x=3$ で極小値をとる．このとき，a, b, c の値と極小値を求めよ．

解答

$f'(x) = 3x^2 - 2ax - b$ である．条件より，

$$\begin{cases} f'(-1) = 0 \\ f'(3) = 0 \\ f(-1) = 8 \end{cases}$$

であるから，

$$\begin{cases} 3 + 2a - b = 0 & \cdots ① \\ 27 - 6a - b = 0 & \cdots ② \\ -1 - a + b + c = 8 & \cdots ③ \end{cases}$$

①，②より，$a=3$, $b=9$．これを③に代入して，$c=3$

このとき，極小値は，

$$f(3) = 3^3 - 3 \cdot 3^2 - 9 \cdot 3 + 3 = -24$$

※手書き注記：
- $f'(a)=0$ かつ $x=a$ の前後で $f'(x)$ が正から負になる $\Leftrightarrow$ $x=a$ で極大
- $f'(a)=0$ かつ $x=a$ の前後で $f'(x)$ が負から正になる $\Leftrightarrow$ $x=a$ で極小
- $f'(a)=0$ かつ $x=a$ の前後で $f'(x)$ が正・正または負・負のときは極値ではない．

5.9 極値

例題 $y = x^3 + kx^2 - 3kx + 5$ が極値を持たないような k の値の範囲を求めよ．

解答

$y' = 3x^2 + 2kx - 3k$

極値を持たないとき，y' の符号が一定であるから $y' = 0$ が異なる 2 つの実数解を持たなければよい．したがって，

$D/4 = k^2 - 3(-3k) \leqq 0 \Leftrightarrow k(k+9) \leqq 0$

したがって，$-9 \leqq k \leqq 0$

(書き込み: y'=0の判別式D, D>0 ⇔ 極値をもつ, D=0 ⇔ 極値をもたない, D<0 ⇔ 極値をもたない)

チャレンジ問題

a を実数とする．$f(x) = x^3 + ax^2 + (3a-6)x + 5$ について，次の問いに答えよ．

(1) 関数 $y = f(x)$ が極値を持つ a の値の範囲を求めよ．

(2) 関数 $y = f(x)$ が極値を持つ a に対して，関数 $y = f(x)$ は $x = p$ で極大値，$x = q$ で極小値をとるとする．関数 $y = f(x)$ のグラフ上の 2 点 $\mathrm{P}(p, f(p))$，$\mathrm{Q}(q, f(q))$ を結ぶ直線の傾きを m とするとき，m を a を用いて表せ．

解答

(1) $f'(x) = 3x^2 + 2ax + 3a - 6$ より，$y = f(x)$ が極値を持つ条件は，$3x^2 + 2ax + 3a - 6 = 0$ が異なる 2 つの実数解を持つことである．したがって，

$$D/4 = a^2 - 3(3a - 6) > 0$$
$$a^2 - 9a + 18 > 0$$
$$(a - 3)(a - 6) > 0$$

したがって，$a < 3$，$a > 6$

(2) $m = \dfrac{f(q) - f(p)}{q - p}$ で，$f(p) = p^3 + ap^2 + (3a - 6)p + 5$，$f(q) = q^3 + aq^2 + (3a - 6)q + 5$ より，

$$m = \frac{(q^3 - p^3) + a(q^2 - p^2) + (3a - 6)(q - p)}{q - p}$$
$$= \frac{(q - p)\{q^2 + qp + p^2 + a(q + p) + 3a - 6\}}{q - p}$$
$$= (q + p)^2 - qp + a(q + p) + 3a - 6 \cdots ① \quad \text{(p≠qだから割ってよい)}$$

ここで，p, q は 2 次方程式 $3x^2 + 2ax + 3a - 6 = 0$ の 2 解であるから，解と係数の関係より，

$$\begin{cases} p + q = -\dfrac{2}{3}a \\ pq = a - 2 \end{cases}$$

これを①に代入して，

$$m = \left(-\frac{2}{3}a\right)^2 - (a - 2) + a \cdot \left(-\frac{2}{3}a\right) + 3a - 6$$
$$= -\frac{2}{9}a^2 + 2a - 4$$

5.10 2曲線が接する

no. 074 ☑ ☑ ☑ 2曲線が接する

xy 平面上に 2 曲線
$C_1: y = f(x)$
$C_2: y = g(x)$
が $x = \alpha$ で接するとは，
・$f(\alpha) = g(\alpha)$ （$x = \alpha$ における 2 曲線の y 座標が等しい）
・$f'(\alpha) = g'(\alpha)$ （$x = \alpha$ における 2 曲線の接線の傾きが等しい）
がともに成り立つことである．

（手書き注）これが定義．つまり、$x=\alpha$ で共通接線をもつこと

例題 2つの曲線 $y = x^2 + a$，$y = -x^2 + bx + c$ は，点 $(2, 3)$ で接線を共有している．a, b, c の値を求めよ．

解答

$f(x) = x^2 + a$，$g(x) = -x^2 + bx + c$ とすると，点 $(2, 3)$ で接線を共有する条件は，
$$\begin{cases} f(2) = g(2) = 3 \\ f'(2) = g'(2) \end{cases}$$
である．$f'(x) = 2x$，$g'(x) = -2x + b$ より，
$$\begin{cases} 4 + a = -4 + 2b + c = 3 \\ 4 = -4 + b \end{cases}$$
これを解いて，$a = -1$，$b = 8$，$c = -9$

数学II

5.11 3次関数の最大・最小

no.075 3次関数の最大・最小

ある区間における3次関数の最大・最小の問題は，
その区間での増減表を作り，**端点**と**極値**を調べる

必ず略図をかいて考えよう！

例題 次の関数の（ ）内の区間における最大値，最小値を求めよ．
(1) $f(x) = x^3 + 3x^2 \quad (-3 \leq x \leq 2)$
(2) $f(x) = 2x^3 + 3x^2 - 12x - 2 \quad (-1 \leq x \leq 2)$

解答

(1) $f'(x) = 3x^2 + 6x = 3x(x+2)$ より，増減表をかくと下のようになる．

x	-3	$\cdots$	-2	$\cdots$	0	$\cdots$	2
y'		$+$	0	$-$	0	$+$	
y	0	↗	4	↘	0	↗	20

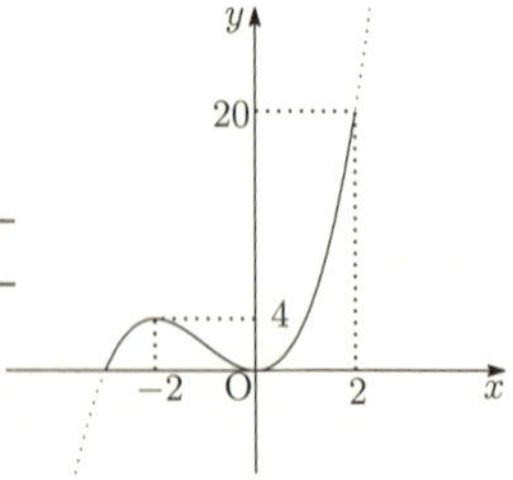

これより，最大値 $20\,(x=2)$，
最小値 $0\,(x=0,\,-2)$

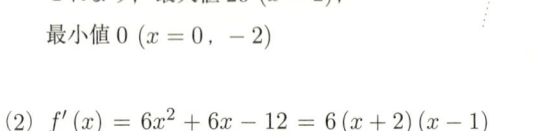

(2) $f'(x) = 6x^2 + 6x - 12 = 6(x+2)(x-1)$
より，増減表をかくと下のようになる．

x	-1	$\cdots$	1	$\cdots$	2
y'		$-$	0	$+$	
y	11	↘	-9	↗	2

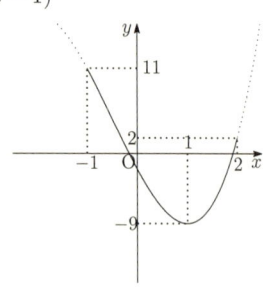

これより，最大値 $11\,(x=-1)$，
最小値 $-9\,(x=1)$

5.12 原始関数

no.076 原始関数

$F'(x) = f(x)$ となる $F(x)$ を $f(x)$ の**原始関数**という.

※ $f(x)$ の原始関数を $\int f(x)dx$ と表す.
　（または不定積分）

　記号「$\int$」を「インテグラル」という.

　$F'(x) = f(x) \Leftrightarrow \int f(x)dx = F(x) + C$ （Cは定数）

・つまり、微分すると $f(x)$ となる関数を $f(x)$ の
　原始関数（または、不定積分）という.

・$f(x)$ の原始関数を求めることを「$f(x)$ を積分する」という.

数学Ⅱ

5.13 不定積分

no.077 不定積分

- $\int x^n dx = \dfrac{1}{n+1}x^{n+1} + C$ （C は積分定数）
- $\int (ax+b)^n dx = \dfrac{1}{(n+1)a}(ax+b)^{n+1} + C$ （C は積分定数）
- $\int kf(x)dx = k\int f(x)dx$
- $\int \{f(x)+g(x)\}dx = \int f(x)dx + \int g(x)dx$
- $\int \{f(x)-g(x)\}dx = \int f(x)dx - \int g(x)dx$

積分は微分の逆演算である

例題 次の不定積分を求めよ．

(1) $\int 2x^3 dx$ 　　　(2) $\int (5-3x)dx$

(3) $\int (4x^2 - 2x + 1)dx$ 　　　(4) $\int (x+1)(x^2+2)dx$

解答

積分定数Cを忘れずに！

(1) $\int 2x^3 dx = 2\int x^3 dx = 2 \times \dfrac{1}{3+1}x^{3+1} + C = \dfrac{x^4}{2} + C$

(2) $\int (5-3x)dx = \int 5 dx - 3\int x dx = 5x - \dfrac{3}{2}x^2 + C$

(3) $\int (4x^2 - 2x + 1)dx = \dfrac{4}{3}x^3 - x^2 + x + C$

(4) $\int (x+1)(x^2+2)dx = \int (x^3 + x^2 + 2x + 2)dx$

$\qquad\qquad\qquad\qquad = \dfrac{x^4}{4} + \dfrac{x^3}{3} + x^2 + 2x + C$

5.14 定積分

no. 078 定積分の計算

$$\int_a^b f(x)\,dx = [F(x)]_a^b = F(b) - F(a)$$ $F(x)$は$f(x)$の原始関数

例題 次の定積分を求めよ．

(1) $\displaystyle\int_1^3 2x^3\,dx$ 　　　　　(2) $\displaystyle\int_{-1}^2 (x^3 - 3x^2 + 2)\,dx$

(3) $\displaystyle\int_{-1}^1 (x-3)(x+3)\,dx$ 　(4) $\displaystyle\int_1^{-3} (3x-2)(x+1)\,dx$

解答

(1) $\displaystyle\int_1^3 2x^3\,dx = \left[\frac{x^4}{2}\right]_1^3 = \frac{81}{2} - \frac{1}{2} = 40$

(2) $\displaystyle\int_{-1}^2 (x^3 - 3x^2 + 2)\,dx = \left[\frac{x^4}{4} - x^3 + 2x\right]_{-1}^2$

$\qquad = \dfrac{1}{4}\left\{2^4 - (-1)^4\right\} - \left\{2^3 - (-1)^3\right\} + 2\{2 - (-1)\}$

$\qquad = \dfrac{15}{4} - 9 + 6$

$\qquad = \dfrac{3}{4}$

数学 II

(3) $\displaystyle\int_{-1}^{1}(x-3)(x+3)\,dx = \int_{-1}^{1}(x^2-9)\,dx$

$\displaystyle\qquad\qquad\qquad\qquad = \left[\frac{x^3}{3}-9x\right]_{-1}^{1}$

$\displaystyle\qquad\qquad\qquad\qquad = \frac{1}{3}\left\{1^3-(-1)^3\right\}-9\left\{1-(-1)\right\}$

$\displaystyle\qquad\qquad\qquad\qquad = \frac{2}{3}-18$

$\displaystyle\qquad\qquad\qquad\qquad = -\frac{52}{3}$

(4) $\displaystyle\int_{1}^{-3}(3x-2)(x+1)\,dx = \int_{1}^{-3}(3x^2+x-2)\,dx$

$\displaystyle\qquad\qquad\qquad\qquad = \left[x^3+\frac{x^2}{2}-2x\right]_{1}^{-3}$

$\displaystyle\qquad\qquad\qquad\qquad = \left\{(-3)^3-1^3\right\}+\frac{1}{2}\left\{(-3)^2-1^2\right\}-2(-3-1)$

$\displaystyle\qquad\qquad\qquad\qquad = -28+4+8$

$\displaystyle\qquad\qquad\qquad\qquad = -16$

5.15 定積分の公式

no.079 定積分の公式

$$\int_{-a}^{a} f(x)\,dx = \begin{cases} 2\displaystyle\int_{0}^{a} f(x)\,dx & (f(x)\text{が偶関数のとき}) \\ 0 & (f(x)\text{が奇関数のとき}) \end{cases}$$

$$\int_{a}^{b} f(x)\,dx = -\int_{b}^{a} f(x)\,dx$$

$$\int_{a}^{b} f(x)\,dx = \int_{a}^{c} f(x)\,dx + \int_{c}^{b} f(x)\,dx$$

$$\int_{\alpha}^{\beta} (ax+b)^{n}\,dx = \left[\frac{(ax+b)^{n+1}}{a(n+1)}\right]_{\alpha}^{\beta}$$

$$\int_{\alpha}^{\beta} (x-\alpha)(x-\beta)\,dx = -\frac{1}{6}(\beta-\alpha)^{3}$$

- $f(-x) = f(x)$ のとき $f(x)$ が偶関数
- $f(-x) = -f(x)$ のとき $f(x)$ が奇関数
  ⇕
- y軸対称なグラフが偶関数
- 原点対称なグラフが奇関数

例題 次の定積分を求めよ．

(1) $\displaystyle\int_{-2}^{2} (x^3 + 3x^2 - 2x + 2)\,dx$

(2) $\displaystyle\int_{-4}^{4} (x+2)^3\,dx$

(3) $\displaystyle\int_{2}^{-3} (4x+1)\,dx$

(4) $\displaystyle\int_{1}^{a} (x^2 - 3)\,dx + \int_{a}^{2} (x^2 - 3)\,dx$

(5) $\displaystyle\int_{2}^{4} (3x+2)^3\,dx$

数学Ⅱ

解答

(1) $\int_{-2}^{2} (x^3 + 3x^2 - 2x + 2)\, dx = \int_{-2}^{2} (3x^2 + 2)\, dx$ $x^3, -2x$は奇関数

$$= 2\int_{0}^{2} (3x^2 + 2)\, dx$$

$$= 2\left[x^3 + 2x\right]_{0}^{2}$$

$$= 2(8 + 4)$$

$$= 24$$

(2) $\int_{-4}^{4} (x+2)^3\, dx = \int_{-4}^{4} (x^3 + 6x^2 + 12x + 8)\, dx$

$$= \int_{-4}^{4} (6x^2 + 8)\, dx$$

$$= 2\int_{0}^{4} (6x^2 + 8)\, dx$$

$$= 2\left[2x^3 + 8x\right]_{0}^{4}$$

$$= 2(128 + 32)$$

$$= 320$$

(3) $\int_{2}^{-3} (4x+1)\, dx = -\int_{-3}^{2} (4x+1)\, dx$

$$= -\left[2x^2 + x\right]_{-3}^{2}$$

$$= -(8-18) - (2+3)$$

$$= 5$$

5.15 定積分の公式

(4) $\int_1^a (x^2-3)\,dx + \int_a^2 (x^2-3)\,dx = \int_1^2 (x^2-3)\,dx$

$= \left[\dfrac{x^3}{3} - 3x\right]_1^2$

$= \dfrac{1}{3}(8-1) - 3(2-1)$

$= -\dfrac{2}{3}$

(5) $\int_0^1 (3x+2)^3\,dx = \left[\dfrac{(3x+2)^4}{3\cdot 4}\right]_0^1$

$= \dfrac{1}{12}(5^4 - 2^4)$

$= \dfrac{203}{4}$

(手書きメモ) (2)もこのやり方でできる．

$\int_{-4}^{4} (x+2)^3\,dx = \left[\dfrac{(x+2)^4}{1\cdot 4}\right]_{-4}^{4}$

$= \dfrac{6^4}{4} - \dfrac{(-2)^4}{4}$

$= 324 - 4$

$= 320$

例題 $\int_\alpha^\beta (x-\alpha)(x-\beta)\,dx = -\dfrac{1}{6}(\beta-\alpha)^3$ を証明せよ．

解答

$(x-\alpha)(x-\beta) = (x-\alpha)\{(x-\alpha) + (\alpha-\beta)\}$

$= (x-\alpha)^2 - (\beta-\alpha)(x-\alpha)$

したがって，

$\int_\alpha^\beta (x-\alpha)(x-\beta)\,dx = \int_\alpha^\beta \left\{(x-\alpha)^2 - (\beta-\alpha)(x-\alpha)\right\}dx$

$= \left[\dfrac{(x-\alpha)^3}{3} - \dfrac{(\beta-\alpha)}{2}(x-\alpha)^2\right]_\alpha^\beta$

$= \dfrac{(\beta-\alpha)^3}{3} - \dfrac{(\beta-\alpha)^3}{2}$

$= -\dfrac{1}{6}(\beta-\alpha)^3$

チャレンジ問題

2 次方程式 $-x^2+2x+2=0$ の解を $\alpha, \beta\ (\alpha<\beta)$ とするとき，
$$\int_\alpha^\beta (-x^2+2x+2)\,dx$$
を求めよ．

解答

解と係数の関係より，$\alpha+\beta=2$，$\alpha\beta=-2$ となるので，
$$(\beta-\alpha)^2 = (\alpha+\beta)^2 - 4\alpha\beta = 2^2 - 4\cdot(-2) = 12$$
$\alpha<\beta$ より，$\beta-\alpha = 2\sqrt{3}$
したがって，
$$\int_\alpha^\beta (-x^2+2x+2)\,dx = -\left(-\frac{1}{6}\right)(\beta-\alpha)^3$$
$$= \frac{1}{6}\left(2\sqrt{3}\right)^3$$
$$= 4\sqrt{3}$$

もちろん $-x^2+2x+2=0 \Leftrightarrow x^2-2x-2=0$
$\Leftrightarrow x=1\pm\sqrt{3}$
$\therefore \alpha=1-\sqrt{3},\ \beta=1+\sqrt{3}$ より $\beta-\alpha=2\sqrt{3}$
とやってもよい

5.16 関数の決定

no. 080 関数の決定

- $\dfrac{d}{dx}\displaystyle\int_a^x f(t)\,dt = f(x)$ —— (1)

- $\displaystyle\int_a^a f(t)\,dt = 0$ —— (2)

- $\displaystyle\int_a^b f(t)\,dt$ は定数である 重要 —— (3)

を用いることで，定積分で表された関数を決定することができる．

例題 等式 $\displaystyle\int_a^x f(t)\,dt = 3x^2 + x - 2$ を満たす関数 $f(x)$ と定数 a の値を求めよ．

解答

$\displaystyle\int_a^x f(t)\,dt = 3x^2 + x - 2$ の両辺を x で微分すると，(1)を使った

$f(x) = 6x + 1$

$x = a$ とすると，$\displaystyle\int_a^a f(t)\,dt = 3a^2 + a - 2$．ここで，$\displaystyle\int_a^a f(t)\,dt = 0$ より，(2)を使った

$3a^2 + a - 2 = 0$

$a = -1, \dfrac{2}{3}$

数学Ⅱ

例題 等式 $f(x) = x^2 - 4x + \int_0^2 f(t)\,dt$ を満たす関数 $f(x)$ を求めよ．

解答

$\int_0^2 f(t)\,dt = c$ （c は定数）…① とすると， (3)を使った

$f(x) = x^2 - 4x + c$

とおける．これを①に代入して，

$\int_0^2 (t^2 - 4t + c)\,dt = c$

$\left[\dfrac{1}{3}t^3 - 2t^2 + ct\right]_0^2 = c$

$\dfrac{8}{3} - 8 + 2c = c$

$c = \dfrac{16}{3}$

したがって，$f(x) = x^2 - 4x + \dfrac{16}{3}$

チャレンジ問題

関数 $f(x)$ が，関係式

$$f(x) = x + \int_{-1}^1 (x^2 t + x t^2) f(t)\,dt$$

を満たすとき，

(1) $\int_{-1}^1 x f(x)\,dx = a$, $\int_{-1}^1 x^2 f(x)\,dx = b$ とおき，$f(x)$ を a, b, x で表せ．

(2) a, b の値を求めよ．

解答

(1) $\displaystyle\int_{-1}^{1} xf(x)\,dx = a$, $\displaystyle\int_{-1}^{1} x^2 f(x)\,dx = b$ より, $\displaystyle\int_{-1}^{1} tf(t)\,dt = a$,

$\displaystyle\int_{-1}^{1} t^2 f(t)\,dt = b$ であるから, 与えられた関係式は,

$$f(x) = x + x^2 \int_{-1}^{1} tf(t)\,dt + x \int_{-1}^{1} t^2 f(t)\,dt$$

$$f(x) = x + ax^2 + bx$$

$$f(x) = ax^2 + (b+1)x$$

(2) $a = \displaystyle\int_{-1}^{1} xf(x)\,dx$ に (1) の結果を代入して,

$$a = \int_{-1}^{1} \{ax^3 + (b+1)x^2\}\,dx$$

$$a = 2\left[\frac{b+1}{3}x^3\right]_0^1$$

$$a = \frac{2}{3}(b+1) \cdots ①$$

$b = \displaystyle\int_{-1}^{1} x^2 f(x)\,dx$ に (1) の結果を代入して,

$$b = \int_{-1}^{1} \{ax^4 + (b+1)x^3\}\,dx$$

$$b = 2\left[\frac{a}{5}x^5\right]_0^1$$

$$b = \frac{2}{5}a \cdots ②$$

①, ② より, $a = \dfrac{10}{11}$, $b = \dfrac{4}{11}$

数学II

5.17 定積分と面積1

081 面積 (1)

曲線 $y=f(x)$ と x 軸および 2 直線 $x=a$, $x=b$ $(a<b)$ で囲まれた部分の面積は,

$$\int_a^b |f(x)|\,dx$$

で求めることができる.

例題 次の曲線と直線とで囲まれた面積を求めよ.

(1) $y=x^2-2x+3$, x 軸, $x=2$, $x=3$
(2) $y=x^2-1$, x 軸, $x=-1$, $x=4$
(3) $y=x(x-1)(x-2)$, x 軸

解答

(1) $2 \leqq x \leqq 3$ のとき, $y=(x-1)^2+2 > 0$
したがって, 求める面積は,

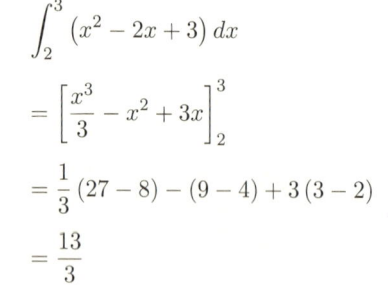

$$\int_2^3 (x^2-2x+3)\,dx$$

$$= \left[\frac{x^3}{3}-x^2+3x\right]_2^3$$

$$= \frac{1}{3}(27-8)-(9-4)+3(3-2)$$

$$= \frac{13}{3}$$

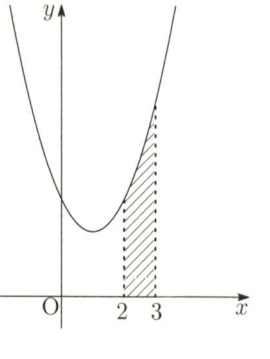

(2) $-1 \leqq x \leqq 1$ のとき, $y = x^2 - 1 < 0$
したがって, 求める面積は,

$$-\int_{-1}^{1} (x^2 - 1)\,dx + \int_{1}^{4} (x^2 - 1)\,dx$$

$$= -\left[\frac{x^3}{3} - x\right]_{-1}^{1} + \left[\frac{x^3}{3} - x\right]_{1}^{4}$$

$$= -\left(\frac{2}{3} - 2\right) + \left(\frac{64}{3} - \frac{1}{3}\right) - (4 - 1)$$

$$= \frac{58}{3}$$

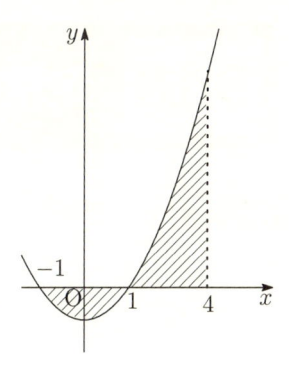

(3) $0 \leqq x \leqq 1$ のとき, $x(x-1)(x-2) \geqq 0$
$1 \leqq x \leqq 2$ のとき, $x(x-1)(x-2) \leqq 0$
より, 求める面積は,

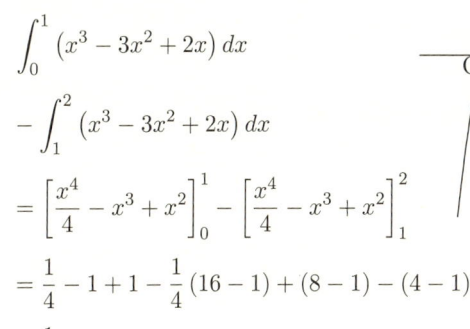

$$\int_{0}^{1} (x^3 - 3x^2 + 2x)\,dx$$

$$-\int_{1}^{2} (x^3 - 3x^2 + 2x)\,dx$$

$$= \left[\frac{x^4}{4} - x^3 + x^2\right]_{0}^{1} - \left[\frac{x^4}{4} - x^3 + x^2\right]_{1}^{2}$$

$$= \frac{1}{4} - 1 + 1 - \frac{1}{4}(16 - 1) + (8 - 1) - (4 - 1)$$

$$= \frac{1}{2}$$

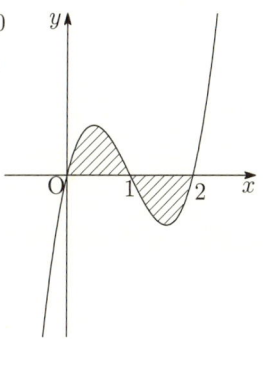

※ まず略図をかいてグラフの形状を確認してから面積を求めるようにしよう.

数学Ⅱ

5.18 定積分と面積2

no. 082 面積 (2)

2つの曲線 $y = f(x)$, $y = g(x)$ と2直線 $x = a$, $x = b$ $(a < b)$ で囲まれた部分の面積は,
$$\int_a^b |f(x) - g(x)|\, dx$$
で求めることができる.

例題 2つの放物線 $y = -x^2 + 1$ と $y = x^2 - 2x - 3$ で囲まれた部分の面積を求めよ.

解答 2つの放物線の共有点を求めると,
$-x^2 + 1 = x^2 - 2x - 3$
$x^2 - x - 2 = 0$
$\qquad x = 2, -1$ ← これが a, b にあたる.

したがって, 求める面積は,

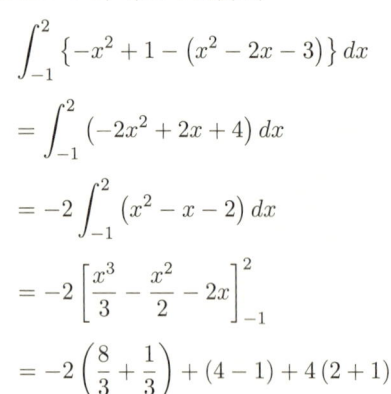

$\displaystyle\int_{-1}^2 \{-x^2 + 1 - (x^2 - 2x - 3)\}\, dx$

$= \displaystyle\int_{-1}^2 (-2x^2 + 2x + 4)\, dx$

$= -2 \displaystyle\int_{-1}^2 (x^2 - x - 2)\, dx$

$= -2 \left[\dfrac{x^3}{3} - \dfrac{x^2}{2} - 2x\right]_{-1}^2$

$= -2 \left(\dfrac{8}{3} + \dfrac{1}{3}\right) + (4 - 1) + 4(2 + 1)$

$= 9$

5.18 定積分と面積2

例題 $y = x^3 - x^2$ と $y = 2x$ で囲まれた部分の面積の面積を求めよ．

解答 曲線と直線の共有点の座標を求めると，
$$x^3 - x^2 = 2x$$
$$x^3 - x^2 - 2x = 0$$
$$x(x-2)(x+1) = 0$$
$$x = -1, \ 0, \ 2$$

したがって，求める面積は，

$\int_{-1}^{0} (x^3 - x^2 - 2x)\, dx$

$+ \int_{0}^{2} \{2x - (x^3 - x^2)\}\, dx$

$= \left[\dfrac{x^4}{4} - \dfrac{x^3}{3} - x^2 \right]_{-1}^{0} + \left[-\dfrac{x^4}{4} + \dfrac{x^3}{3} + x^2 \right]_{0}^{2}$

$= -\dfrac{1}{4} - \dfrac{1}{3} + 1 - 4 + \dfrac{8}{3} + 4$

$= \dfrac{37}{12}$

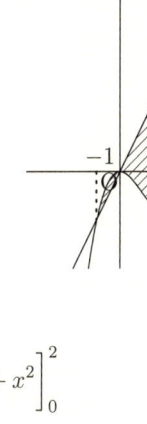

チャレンジ問題 直線 $y = x$ 上を動く点 P から放物線 $y = x^2 + 1$ に2本の接線を引き，接点を Q, R とする．線分 QR と放物線 $y = x^2 + 1$ とで囲まれる図形の面積の最小値を求めよ．

解答 Q, R の x 座標を α, β $(\alpha < \beta)$ とすると，接線の方程式は，
$$\begin{cases} y = 2\alpha x - \alpha^2 + 1 \\ y = 2\beta x - \beta^2 + 1 \end{cases}$$

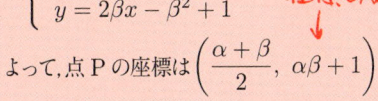

接線の方程式に P 座標を代入

よって，点 P の座標は $\left(\dfrac{\alpha + \beta}{2},\ \alpha\beta + 1 \right)$ となる．ここで，点 P は直線 $y = x$ 上に

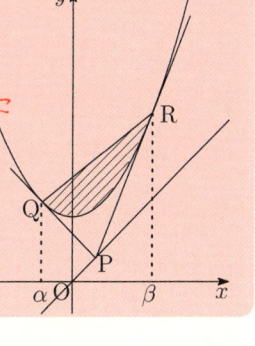

あることより，P(t, t) とおくと，
$$\begin{cases} \dfrac{\alpha+\beta}{2}=t \\ \alpha\beta+1=t \end{cases} \Leftrightarrow \begin{cases} \alpha+\beta=2t \cdots ① \\ \alpha\beta=t-1 \cdots ② \end{cases}$$

直線 QR を $y=mx+n$ とし，求める面積を S とすると，

$$S = \int_\alpha^\beta \left(mx+n-x^2-1\right) dx$$

$$= -\int_\alpha^\beta (x-\alpha)(x-\beta)\, dx$$

$$= \frac{1}{6}(\beta-\alpha)^3$$

ここで，①，②より，

$$(\beta-\alpha)^2 = (\alpha+\beta)^2 - 4\alpha\beta$$
$$= 4t^2 - 4t + 4$$
$$= 4\left(t^2 - t + 1\right)$$

よって，$\beta - \alpha = 2\sqrt{t^2-t+1}\ \ (>0)$

したがって，

$$S = \frac{1}{6}\left(\sqrt{t^2-t+1}\right)^3$$

$$= \frac{1}{6}\left(\sqrt{\left(t-\frac{1}{2}\right)^2 + \frac{3}{4}}\right)^3$$

これより，S は $t=\dfrac{1}{2}$ のとき，最小値 $\dfrac{\sqrt{3}}{2}$ をとる．

数学 B

第 6 章 | 数列

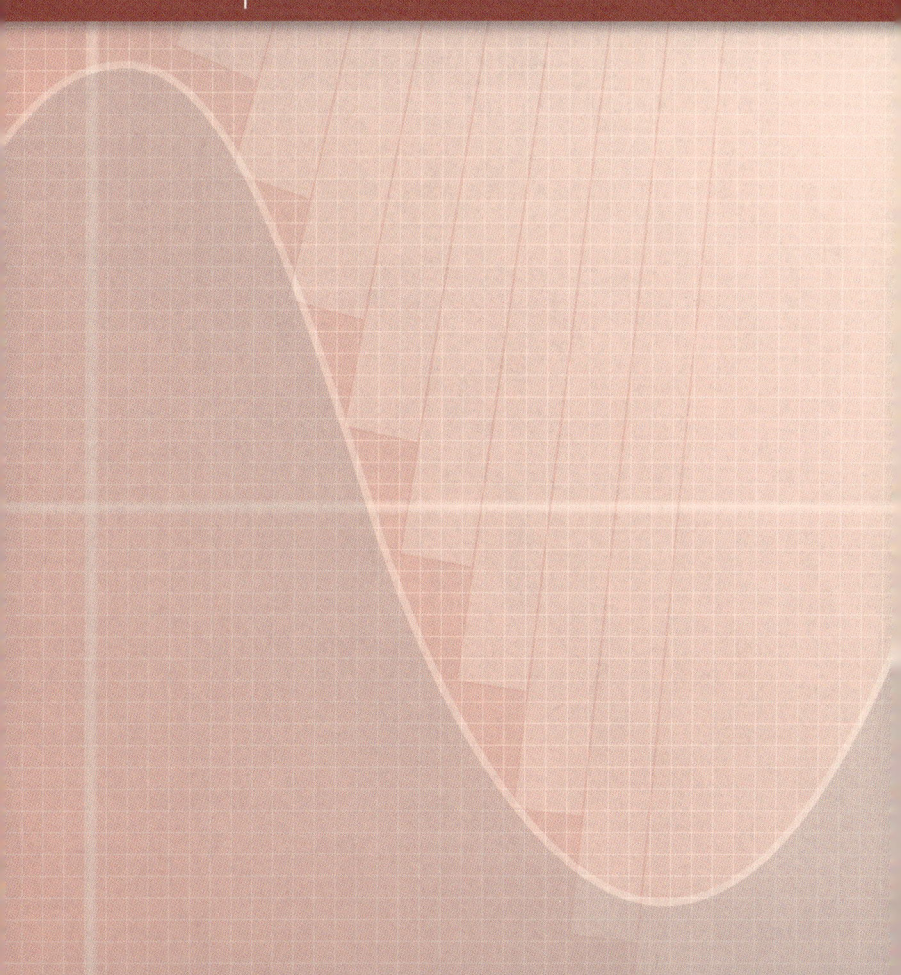

6.1 数列とは

no.083 ▢▢▢ 数列とは

・数をある一定の規則にしたがって並べたものを「**数列**」という.
・数列において,各々の数を「**項**」といい,最初の項を**初項**,2番目の項を第2項,3番目の項を第3項,…,n番目の項を第n項という.また,数列に最終項があればそれを<u>末項</u>という.
・特に,n番目の項を<u>**一般項**</u>という.
・数列を一般的に表すときには,

$a_1, a_2, a_3, \cdots, a_n, \cdots$ 項の番号を添え字(index)で表す.

とかき,単に$\{a_n\}$とかくこともある.

※ 項の個数が有限である数列「有限数列」
　項が限りなく続く数列「無限数列」

6.2 等差数列

no. 084 □□□ 等差数列 ＜隣接2項間の差が一定＞

- $n = 1, 2, 3, \cdots$ に対して，$a_{n+1} - a_n = d$（d は定数）である数列 $\{a_n\}$ を「**等差数列**」という．このとき，d を「**公差**」という．
- 初項 a，公差 d の等差数列の一般項は，
$$a_n = a + d(n-1)$$
である．

例題

(1) 等差数列があり，その第 10 項が 67，第 20 項が 137 である．この数列の一般項を求めよ．

(2) 第 7 項が 49，第 14 項が 14 である等差数列について，初めて負になるのは第何項か．

解答

(1) 初項を a，公差を d とすると，
$$\begin{cases} 67 = a + 9d \\ 137 = a + 19d \end{cases}$$
これを解いて，$a = 4$，$d = 7$
したがって，一般項は $a_n = 4 + 7(n-1)$ 　∴ $a_n = 7n - 3$

(2) 初項を a，公差を d とすると，
$$\begin{cases} 49 = a + 6d \\ 14 = a + 13d \end{cases}$$
これを解いて，$a = 79$，$d = -5$
したがって，一般項は $a_n = 79 - 5(n-1)$ 　∴ $a_n = -5n + 84$
これが負となるとき，$-5n + 84 < 0$ より $n > \dfrac{84}{5}$
n は整数より，$n = 17$

数学B

6.3 等差数列の和

no.085 等差数列の和

等差数列 $a_n = a + d(n-1)$ の初項から第 n 項までの和を S とすると,
$$S = \frac{n}{2}\{2a + d(n-1)\}$$
または,
$$S = \frac{n}{2}(a + a_n) \quad (初項 + 末項) \times (項数) \div 2$$
となる.

例題 等差数列 $51, 47, 43, \cdots$ の初項から第 n 項までの和を S_n とする. S_n が最大となる n を求めよ. また, そのときの S_n の値を求めよ.

解答

この数列を a_n とすると, $a_n = 51 - 4(n-1)$ より, $a_n = -4n + 55$ 和が最大となるのは値が正である項だけの和であるから, 初項51, 公差-4

$$-4n + 55 < 0 \quad \therefore n < \frac{55}{4}$$

したがって, 初項から第13項までの和が最大となるので, $n = 13$

このとき, $S_{13} = \dfrac{13(51+3)}{2} = 351$ \quad $a_{13} = -4 \times 13 + 55 = 3$

6.3 等差数列の和

例題 ある等差数列の最初の 10 項の和は 100 で,最初の 20 項の和は 400 である.この数列の最初の 30 項の和を求めよ.

解答

初項を a,公差を d とし,第 n 項までの和を S_n とすると,

$$\begin{cases} S_{10} = \dfrac{10\,(2a+9d)}{2} = 100 \\[2mm] S_{20} = \dfrac{20\,(2a+19d)}{2} = 400 \end{cases}$$

これを解いて,$a=1$,$d=2$ となるので,$a_n = 1 + 2\,(n-1)$
∴ $a_n = 2n - 1$

したがって,第 30 項までの和は,

$$S_{30} = \frac{30\,(2 \times 1 + 29 \times 2)}{2} = 900$$

数学 B

6.4 等比数列

no. 086 等比数列

隣接2項間の比が一定

- $n = 1, 2, 3, \cdots$ に対して，$\dfrac{a_{n+1}}{a_n} = r$（r は定数）である数列 $\{a_n\}$ を「**等比数列**」という．このとき，r を「公比」という．
- 初項 a，公比 r の等比数列の一般項は，
$$a_n = ar^{n-1}$$
である．

例題

(1) a_1, a_2, a_3, a_4 がこの順序で等比数列をなし，$a_1 + a_4 = 27$，$a_2 + a_3 = 18$ である．この等比数列を求めよ．

(2) 第 4 項が 9，第 7 項が $-\dfrac{1}{3}$ である等比数列 $\{a_n\}$ がある．ただし，公比は実数とする．初項と公比を求めよ．

解答

(1) 公比を r とすると, $a_2 = a_1 r$, $a_3 = a_1 r^2$, $a_4 = a_1 r^3$ とおけるので,

$$\begin{cases} a_1 + a_1 r^3 = 27 & \cdots ① \\ a_1 r + a_1 r^2 = 18 & \cdots ② \end{cases}$$

①より, $a_1 (1+r)(1-r+r^2) = 27 \cdots ①'$

②より, $a_1 r (1+r) = 18 \cdots ②'$

①' の両辺に r をかけて, ②' を代入すると,

$\underline{a_1 r (1+r)}(1-r+r^2) = 27r$
     $\overset{\|}{18}$

$18(1-r+r^2) = 27r$

$2r^2 - 5r + 2 = 0$

$r = \dfrac{1}{2},\ 2$

$r = \dfrac{1}{2}$ のとき, ①に代入して, $a_1 = 24$

$r = 2$ のとき, ①に代入して, $a_1 = 3$

したがって, 24, 12, 6, 3 または 3, 6, 12, 24

(2) 初項を a, 公比を r とすると,

$$\begin{cases} ar^3 = 9 & \cdots ① \\ ar^6 = -\dfrac{1}{3} & \cdots ② \end{cases}$$

①を②に代入して, $\underline{ar^3} \times r^3 = -\dfrac{1}{3}$
                    $\overset{\|}{9}$

$9r^3 = -\dfrac{1}{3}$

$r^3 = -\dfrac{1}{27}$

$r = -\dfrac{1}{3}$ (∵ r は実数)

これを①に代入して, $a = -243$

したがって, 初項は -243, 公比は $-\dfrac{1}{3}$

数学 B

6.5 等比数列の和

no. 087 等比数列の和

等比数列 $a_n = ar^{n-1}$ の初項から第 n 項までの和を S とすると,

$$\begin{cases} S = \dfrac{a(1-r^n)}{1-r} & (r \neq 1 \text{ のとき}) \\ S = na & (r = 1 \text{ のとき}) \end{cases}$$

$\dfrac{(初項)(1-公比の項数乗)}{1-(公比)}$

例題 第 3 項が 4 で第 6 項が $-8\sqrt{2}$ である等比数列の初項から第 10 項までの和を求めよ.

解答

初項を a, 公比を r とすると, まずは一般項を求める.

$$\begin{cases} ar^2 = 4 & \cdots \text{①} \\ ar^5 = -8\sqrt{2} & \cdots \text{②} \end{cases}$$

①を②に代入して,

$$4r^3 = -8\sqrt{2}$$
$$r^3 = -2\sqrt{2}$$
$$r = -\sqrt{2}$$

これを①に代入して, $a = 2$

一般項は $a_n = 2 \cdot (-\sqrt{2})^{n-1}$ となるので, 初項から第 10 項までの和は,

ここは「項数乗」であるから 10 乗.

$$\dfrac{2\{1-(-\sqrt{2})^{10}\}}{1-(-\sqrt{2})} = \dfrac{-62}{\sqrt{2}+1} = -62(\sqrt{2}-1)$$

6.5 等比数列の和

例題 公比が r である等比数列の初項から第 3 項までの和が 80，第 4 項から第 6 項までの和が 640 である．r の値を求めよ．

解答

初項を a とすると，

$$\begin{cases} \dfrac{a\left(1-r^3\right)}{1-r} = 80 & \cdots ① \\[2mm] \dfrac{a\left(1-r^6\right)}{1-r} = 720 & \cdots ② \end{cases}$$

$a_1 + a_2 + a_3 = 80$

$a_4 + a_5 + a_6 = 640$

↓

$a_1 + a_2 + \cdots\cdots + a_5 + a_6 = 720$

② より，

$$\frac{a\left(1+r^3\right)\left(1-r^3\right)}{1-r} = 720$$

ここに①を代入して，

$$\begin{aligned} 80\left(1+r^3\right) &= 720 \\ r^3 &= 8 \\ r &= 2 \end{aligned}$$

数学B

6.6 等差中項・等比中項

no.088 等差中項・等比中項

3つの数 a, b, c が

- この順に等差数列をなすとき,$2b = a+c$ が成り立ち,b を<u>等差中項</u>という.
- この順に等比数列をなすとき,$b^2 = ac$ が成り立ち,b を<u>等比中項</u>という.

例題 数列 a, b, c はこの順に等差数列をなし,公差は正である.$a+b+c = 45$,$abc = 3135$ のとき,a, b, c の値を求めよ.

解答

b は,等比中項より

$$\begin{cases} a+c = 2b & \cdots ① \\ a+b+c = 45 & \cdots ② \\ abc = 3135 & \cdots ③ \end{cases}$$

①を②に代入して,

$2b + b = 45$ $\therefore b = 15$

ここで,公差を d とすると,$a = 15-d$,$c = 15+d$ とおけるので,③に代入して,

$15(15-d)(15+d) = 3135$
$225 - d^2 = 209$
$d = 4 \ (\because \ d > 0)$

したがって,$a = 11, b = 15, c = 19$

6.6 等差中項・等比中項

例題 異なる3つの実数 a, b, c がこの順で等差数列をなし, a, c, b の順で等比数列をなす. さらに $abc = 27$ のとき, a, b, c の値を求めよ.

解答

b は等差中項より, $a + c = 2b$ … ①, c は等比中項より
$ab = c^2$ … ②

②を $abc = 27$ に代入して,

$c^3 = 27$
$c = 3$ （cは実数）

これを①, ②に代入して,

$$\begin{cases} a + 3 = 2b & \cdots ①' \\ ab = 9 & \cdots ②' \end{cases}$$

①' より, $a = 2b - 3$

これを②' に代入して,

$b(2b - 3) = 9$
$2b^2 - 3b - 9 = 0$
$b = 3, \ -\dfrac{3}{2}$

a, b, c は異なる実数より, $b = -\dfrac{3}{2}$

したがって, $a = -6$

よって, $a = -6$, $b = -\dfrac{3}{2}$, $c = 3$

※ $b = 3$ とすると, $a = 3$, $b = 3$, $c = 3$ となる. このように同じ数が続く数列を「定数数列」という

数学B

6.7 和の記号 Σ

no. 089 和の記号 Σ

数列の和を表す記号として $\sum$（シグマ）記号が用いられる．
$$\sum_{k=1}^{n} a_k = a_1 + a_2 + a_3 + \cdots + a_n$$

和は英語で「sum」
Sにあたるギリシャ文字がΣ

例題 次の式の値を求めよ．

(1) $\displaystyle\sum_{k=1}^{5} 2^k$ (2) $\displaystyle\sum_{k=0}^{3} k(k+1)$ (3) $\displaystyle\sum_{j=2}^{5} \frac{1}{2j-5}$

解答

(1) $\displaystyle\sum_{k=1}^{5} 2^k = 2^1 + 2^2 + 2^3 + 2^4 + 2^5 = \frac{2(1-2^5)}{1-2} = 62$

(2) $\displaystyle\sum_{k=0}^{3} k(k+1) = 0 \cdot 1 + 1 \cdot 2 + 2 \cdot 3 + 3 \cdot 4 = 20$

(3) $\displaystyle\sum_{j=2}^{5} \frac{1}{2j-5} = \frac{1}{4-5} + \frac{1}{6-5} + \frac{1}{8-5} + \frac{1}{10-5} = \frac{8}{15}$

・$\displaystyle\sum_{k=1}^{n} a_k$ とは，数列 $\{a_n\}$ の第1項から第n項までの和

・k はどんな文字でもよく，$\displaystyle\sum_{k=1}^{n} a_k = \sum_{j=1}^{n} a_j = \sum_{i=1}^{n} a_i \cdots$ と書ける．

6.8 Σ記号の性質

no. 090 Σ記号の性質

- $\displaystyle\sum_{k=1}^{n}(a_k+b_k)=\sum_{k=1}^{n}a_k+\sum_{k=1}^{n}b_k$
- $\displaystyle\sum_{k=1}^{n}pa_k=p\sum_{k=1}^{n}a_k \quad (p は定数)$
- $\displaystyle\sum_{k=1}^{n}p=np \quad (p は定数)$

$$\sum_{k=1}^{n}p = \underbrace{p+p+p+\cdots\cdots+p}_{p が n こある} = np$$

数学 B

6.9 累乗の和

no. 091 累乗の和 必ず覚えること

- $\sum_{k=1}^{n} k = \dfrac{n(n+1)}{2}$
- $\sum_{k=1}^{n} k^2 = \dfrac{1}{6}n(n+1)(2n+1)$
- $\sum_{k=1}^{n} k^3 = \dfrac{1}{4}n^2(n+1)^2$

例題 次の数列の和を求めよ．

(1) $\sum_{k=1}^{n} (k+1)(3k-2)$ (2) $\sum_{k=1}^{n} k(k-1)(k-2)$

6.9 累乗の和

解答

(1)
$$\sum_{k=1}^{n}(k-1)(3k-2) = \sum_{k=1}^{n}(3k^2 - 5k + 2)$$
$$= 3\sum_{k=1}^{n}k^2 - 5\sum_{k=1}^{n}k + \sum_{k=1}^{n}2$$
$$= 3 \cdot \frac{1}{6}n(n+1)(2n+1) - 5 \cdot \frac{1}{2}n(n+1) + 2n$$
$$= \frac{1}{2}n(n+1)(2n+1-5) + 2n$$
$$= n^3 - n^2$$
$$= n^2(n-1)$$

式をキレイにするときは、なるべく共通因数をみつけて因数分解を用いること。むやみに展開するのは計算ミスの元。

(2)
$$\sum_{k=1}^{n}k(k-1)(k-2) = \sum_{k=1}^{n}(k^3 - 3k^2 + 2k)$$
$$= \sum_{k=1}^{n}k^3 - 3\sum_{k=1}^{n}k^2 + 2\sum_{k=1}^{n}k$$
$$= \left\{\frac{1}{2}n(n+1)\right\}^2 - 3 \cdot \frac{1}{6}n(n+1)(2n+1)$$
$$\quad + 2 \cdot \frac{1}{2}n(n+1)$$
$$= \frac{1}{4}n(n+1)\{n(n+1) - 2(2n+1) + 4\}$$
$$= \frac{1}{4}n(n+1)(n-1)(n-2)$$

（共通因数）

{n(n+1)-2(2n+1)+4} = n²-3n+2 となる。これも因数分解できるので (n-1)(n-2) としておくのがよい。

6.10 S−rS をつくる

no. 092 □□□ S−rS をつくる

(等差数列)×(等比数列) 型の数列の和は，「公比をかけて項をずらし，その差をとる」つまり，和を S，等比数列の公比を r とするとき，$S-rS$ をつくって和を求める．

例題 〔係数は等差，x については等比となっている〕 $1 + 2x + 3x^2 + \cdots + nx^{n-1}$ の和を求めよ．

解答

$S = 1 + 2x + 3x^2 + \cdots + nx^{n-1}$ …① とするして，両辺に x をかけると，$xS = x + 2x^2 + 3x^3 + \cdots + (n-1)x^{n-1} + nx^n$ …②

①−② より，

$$
\begin{array}{rl}
S & = 1 + 2x + 3x^2 + \cdots + nx^{n-1} \\
xS & = \ x + 2x^2 + \cdots + (n-1)x^{n-1} + nx^n \\ \hline
(1-x)S & = 1 + x + x^2 + \cdots + x^{n-1} - nx^n
\end{array}
$$

〔この部分は等比数列〕

(i) $x \neq 1$ のとき

$$(1-x)S = \frac{1-x^n}{1-x} - nx^n$$

$$S = \frac{1 - (n+1)x^n + nx^{n+1}}{(1-x)^2}$$

(ii) $x = 1$ のとき

① より，$S = 1 + 2 + 3 + \cdots + n = \dfrac{1}{2}n(n+1)$

6.11 階差数列

no. 093 階差数列

数列 $\{a_n\}$ に対して，$b_n = a_{n+1} - a_n$ となる数列 $\{b_n\}$ を数列 $\{a_n\}$ の「**階差数列**」という．

数列 $\{a_n\}$ の階差数列が $\{b_n\}$ であるとき，$n \geqq 2$ である整数 n に対して，

$$a_n = a_1 + \sum_{k=1}^{n-1} b_k$$

が成り立つ．

例題 数列 $1, 3, 7, 15, 31, \cdots$ について，次の問いに答えよ．

(1) 一般項 a_n を求めよ．
(2) 初項から第 n 項までの和を求めよ．

数学B

解答

(1) 数列 $\{a_n\}$ の階差数列

$$2, \ 4, \ 8, \ 16, \ \cdots$$

を $\{b_n\}$ とすると，初項 2，公比 2 の等比数列であるから，

$$b_n = 2 \cdot 2^{n-1} \quad \therefore \ b_n = 2^n$$

となる．したがって，$n \geqq 2$ のとき，階差数列をとるためには，もとの数列の項が2つ以上必要．

$$\begin{aligned}
a_n &= 1 + \sum_{k=1}^{n-1} 2^k \\
&= 1 + \frac{2(1 - 2^{n-1})}{1 - 2} \\
&= 2^n - 1
\end{aligned}$$

となり，これは $n = 1$ のときも満たす．

したがって，$a_n = 2^n - 1$

(2)
$$\begin{aligned}
\sum_{k=1}^{n} \left(2^k - 1\right) &= \sum_{k=1}^{n} 2^k - \sum_{k=1}^{n} 1 \\
&= \frac{2(1 - 2^n)}{1 - 2} - n \\
&= 2^{n+1} - n - 2
\end{aligned}$$

6.12 第 k 項に n を含む数列の和

no. 094 第 k 項を表す一般式に n が含まれる数列の和

第 k 項を表す一般式に n が含まれる数列では，第 k 項 a_k を求めてから，$\sum_{k=1}^{n} a_k$ を求める．

このとき，<u>n は定数として考える</u>． kが1から順にnまでの値をとるのであって、nはなにも変わらない

例題 数列 $1 \cdot n,\ 2 \cdot (n-1),\ 3 \cdot (n-2),\ \cdots,\ (n-1) \cdot 2,\ n \cdot 1$ の和を求めよ．

解答

この数列を $\{a_n\}$ とすると，第 k 項は
$$a_k = k \cdot (n-k+1) \quad \therefore \quad a_k = -k^2 + (n+1)\,k$$
したがって， これは定数

$$\begin{aligned}
\sum_{k=1}^{n}\{-k^2+(n+1)\,k\} &= -\sum_{k=1}^{n} k^2 + (n+1)\sum_{k=1}^{n} k \\
&= -\frac{1}{6}n(n+1)(2n+1) + (n+1) \\
&\quad \cdot \frac{1}{2}n(n+1) \\
&= \frac{1}{6}n(n+1)\{-(2n+1)+3(n+1)\} \\
&= \frac{1}{6}n(n+1)(n+2)
\end{aligned}$$

6.13 数列の和と一般項

no.095 数列の和と一般項

数列 $\{a_n\}$ の初項から第 n 項までの和を S_n とするとき,

$$a_n = \begin{cases} S_n - S_{n-1} & (n \geqq 2) \\ S_1 & (n = 1) \end{cases}$$

となる.

$S_n = a_1 + a_2 + \cdots + a_{n-1} + a_n$
$-) \; S_{n-1} = a_1 + a_2 + \cdots + a_{n-1}$
$S_n - S_{n-1} = a_n$

例題 数列 $\{a_n\}$ の初項から第 n 項までの和 S_n を

$$S_n = -n^3 + 21n^2 + 65n \quad (n = 1, \ 2, \ 3, \ \cdots)$$

とする.

(1) 一般項 a_n を求めよ.
(2) $a_n > 151$ を満たす自然数 n の範囲を求めよ.

6.13 数列の和と一般項

解答

(1) (i) $n \geq 2$ のとき
$$a_n = S_n - S_{n-1}$$
$$= -n^3 + 21n^2 + 65n - \{-(n-1)^3 + 21(n-1) + 65(n-1)\}$$
$$= -n^3 + 21n^2 + 65n - (-n^3 + 24n^2 + 20n - 43)$$
$$= -3n^2 + 45n + 43$$

(ii) $n = 1$ のとき,
$$a_1 = S_1 = -1 + 21 + 65 = 85$$
これは, $a_n = -3n^2 + 45n + 43$ を満たす.
したがって, $a_n = -3n^2 + 45n + 43$

(2) $-3n^2 + 45n + 43 > 151$ より,
$$3n^2 - 45n + 108 < 0$$
$$n^2 - 15n + 36 < 0$$
$$(n-3)(n-12) < 0$$
$$3 < n < 12$$
したがって, $4 \leq n \leq 11$

数学B

6.14 群数列

no.096 群数列

例えば,
$$1, \frac{1}{2}, \frac{2}{2}, \frac{1}{3}, \frac{2}{3}, \frac{3}{3}, \frac{1}{4}, \frac{2}{4}, \frac{3}{4}, \frac{4}{4}, \frac{1}{5} \cdots$$
のような数列おいて,
$$1 \left| \frac{1}{2}, \frac{2}{2} \right| \frac{1}{3}, \frac{2}{3}, \frac{3}{3} \left| \frac{1}{4}, \frac{2}{4}, \frac{3}{4}, \frac{4}{4} \right| \frac{1}{5} \cdots$$
のように区切ることによって規則性が見やすくなる.

このように区切るとき,それぞれの部分を「**群**」といい,そのまとまりで数列を考えたものを「**群数列**」という.

群数列を考えるときは,
- 第 n 群に含まれる項の数を n で表す.
- 第 n 群までに含まれる項の総数を求める.

ことが最初に必要になる.

例題 自然数を (1), $(2, 3)$, $(4, 5, 6, 7)$, $\cdots$ のように第 n 群に 2^{n-1} 個が入るように分ける.
(1) 第 n 群に入っている数の和を求めよ.
(2) 1000 は第何群の何番目か.

解答

(1) 第 $n-1$ 群までに含まれる項の数は，

$$1 + 2 + 4 + \cdots + 2^{n-2} = \frac{1 \cdot (1 - 2^{n-1})}{1 - 2} = 2^{n-1} - 1 \quad \text{(個)}$$

第 n-1 群までに $2^{n-1}-1$ 個の整数があるのだから、第 n-1 群の最後の数は $2^{n-1}-1$ 番目の整数 ⇔ $2^{n-1}-1$

である．したがって，第 $n-1$ 群の最後の数は，$2^{n-1}-1$ となるので，第 n 群に入っている数の和は，

$$2^{n-1} + (2^{n-1} + 1) + (2^{n-1} + 2) + \cdots + 2^n - 1$$

$2^{n-1}-1$ の次の数

第 n-1 群の最後の数 $2^{n-1}-1$
第 n 群の最後の数 2^n-1

$$= \frac{2^{n-1}(2^{n-1} + 2^n - 1)}{2}$$
$$= 2^{2n-3} + 2^{2n-2} - 2^{n-2}$$

(2) 第 n 群の先頭の数は，2^{n-1} である．

ここで，$2^9 = 512$，$2^{10} = 1024$ より，1000 は第 10 群に入っている．第 10 群の先頭の数は，512 であるから，1000 は $(1000 - 512 + 1) = 489$ 番目となる．

したがって，1000 は第 10 群の 489 番目である．

6.15 漸化式

no. 097 漸化式

初項 a_1 の値と，第 n 項 a_n と第 $n+1$ 項 a_{n+1} の関係式を与えることにより，数列 $\{a_n\}$ を定義することを，数列の「**帰納的定義**」という．

また，項の間の関係式を「**漸化式**」という．

a_1 が決まってる → a_1 と a_2 の関係式が与えられてるので a_2 が決まる
→ a_2 が決まれば a_3 が決まる．
⋮
というぐあいに各項が順々に決まっていく．

6.16 漸化式を解く (1)

no. 098 漸化式を解く (1)

$a_{n+1} = a_n + d$ （d は定数）

これは，公差 d の等差数列を表す．

$a_{n+1} = r a_n$ （r は定数）

これは，公比 r の等比数列を表す．

※ 等差数列も等比数列も当然漸化式で表すことができる．

例題 次の漸化式で定義された数列の第 n 項を求めよ．
(1) $a_1 = 2$, $a_{n+1} - a_n = 5$ (2) $a_1 = 5$, $3a_{n+1} + a_n = 0$

解答

(1) 与えられた漸化式より，数列 $\{a_n\}$ は初項が 2，公差が 5 の等差数列であるから，（差が一定）
$$a_n = 2 + 5(n-1)$$
$$a_n = 5n - 3$$

(2) 与えられた漸化式より，数列 $\{a_n\}$ は初項が 5，公比が $-\dfrac{1}{3}$ の等比数列であるから，（比が一定）
$$a_n = 5 \cdot \left(-\frac{1}{3}\right)^{n-1}$$

数学B

6.17 漸化式を解く (2)

no.099 漸化式を解く (2) (等比+等差)型 → 等比数列に

$a_{n+1} = pa_n + q$ (p, q は定数で $p \neq 1$) $\alpha = p\alpha + q$ を満たす α を求め,

※ $p=1$ なら等差数列
$q=0$ なら等比数列

$$a_{n+1} - \alpha = p(a_n - \alpha)$$

とすると, 数列 $\{a_n - \alpha\}$ は, 公比 p の等比数列となる.

例題 数列 $\{a_n\}$ において, $a_1 = 3$, $2a_{n+1} - a_n = 6$ ($n \geq 1$) のとき, a_n を n の式で表せ.

解答

$2\alpha - \alpha = 6$ より, $\alpha = 6$.

与えられた漸化式より,

$$a_{n+1} = \frac{1}{2}a_n + 3$$
$$a_{n+1} - 6 = \frac{1}{2}(a_n - 6)$$

したがって, 数列 $\{a_n - 6\}$ は, 初項 $a_1 - 6 = -3$, 公比 $\frac{1}{2}$ の等比数列より,

$$a_n - 6 = -3 \cdot \left(\frac{1}{2}\right)^{n-1}$$
$$a_n = 3\left(2 - \frac{1}{2^{n-1}}\right)$$

6.18 漸化式を解く (3)

no.100 漸化式を解く (3) 階差型

$a_{n+1} = a_n + f(n)$ ⇔ $a_{n+1} - a_n = f(n)$

$f(n)$ は，数列 $\{a_n\}$ の階差数列であるから，

$$a_n = a_1 + \sum_{k=1}^{n-1} f(k) \quad (n \geq 2)$$

として解く．

例題 次の漸化式で定義された数列の第 n 項を求めよ．
(1) $a_1 = 1, a_{n+1} = a_n + 4n - 1$　(2) $a_1 = 0, a_{n+1} = a_n + n(n+1)$

解答

(1) 与えられた漸化式より，

$$a_{n+1} - a_n = 4n - 1$$

よって，数列 $\{a_n\}$ の階差数列 $\{b_n\}$ とすると，$b_n = 4n - 1$
したがって，$n \geq 2$ のとき，

$$a_n = 1 + \sum_{k=1}^{n-1}(4k-1)$$

$$a_n = 1 + 4\sum_{k=1}^{n-1} k - (n-1)$$

$$= 1 + 4 \cdot \frac{1}{2}n(n-1) - (n-1)$$

$$= 2n^2 - 3n + 2$$

これは，$n = 1$ のときも成り立つ．∴ $a_n = 2n^2 - 3n + 2$

数学 B

(2) 与えられた漸化式より,

$$a_{n+1} - a_n = n(n+1)$$

よって, 数列 $\{a_n\}$ の階差数列を $\{b_n\}$ とすると, $b_n = n(n+1)$

したがって, $n \geqq 2$ のとき,

$$\begin{aligned}
a_n &= 0 + \sum_{k=1}^{n-1} k(k+1) \\
&= \sum_{k=1}^{n-1} k^2 + \sum_{k=1}^{n-1} k \\
&= \frac{1}{6}(n-1)n(2n-1) + \frac{1}{2}n(n-1) \\
&= \frac{1}{6}n(n-1)(2n+2) \\
&= \frac{1}{3}n(n-1)(n+1)
\end{aligned}$$

これは, $n = 1$ のときも成り立つ. $\quad \therefore \ a_n = \dfrac{1}{3}n(n-1)(n+1)$

6.19 漸化式を解く (4)

no.101 漸化式を解く (4)

$a_{n+1} = pa_n + f(n)$

(1) 両辺を p^{n+1} で割り, $\dfrac{a_{n+1}}{p^{n+1}} = \dfrac{a_n}{p^n} + \dfrac{f(n)}{p^{n+1}}$ とすると, 数列 $\left\{\dfrac{a_n}{p^n}\right\}$ の階差数列が $\left\{\dfrac{f(n)}{p^{n+1}}\right\}$ となる.

※ indexと累乗の指数を一致させることが大切!!

(2) $f(n)$ が c^n の形のとき, 両辺を c^{n+1} で割り, $\dfrac{a_{n+1}}{c^{n+1}} = \dfrac{p}{c} \cdot \dfrac{a_n}{c^n} + \dfrac{1}{c}$
とする. $b_n = \dfrac{a_n}{c^n}$ とすると,
$$b_{n+1} = \dfrac{p}{c} b_n + \dfrac{1}{c}$$
となる.

※ ここも同様

(3) $a_{n+1} + g(n+1) = p(a_n + g(n))$ となる $g(n)$ をみつけると,
$$a_n + g(n) = (a_1 + g(1)) p^{n-1}$$
となる.

例題 数列 $\{a_n\}$ が $a_1 = 6$, $a_{n+1} = 2a_n + 2^{n+2}$ $(n = 1, 2, 3, \cdots)$ のとき, 一般項 a_n を求めよ.

解答

$a_{n+1} = 2a_n + 2^{n+2}$ の両辺を 2^{n+1} で割って,

$\dfrac{a_{n+1}}{2^{n+1}} = \dfrac{a_n}{2^n} + 2$

したがって, 数列 $\left\{\dfrac{a_n}{2^n}\right\}$ は, 初項 $\dfrac{a_1}{2} = 3$, 公差 2 の等差数列となるので,

$\dfrac{a_n}{2^n} = 3 + 2(n-1)$

$\dfrac{a_n}{2^n} = 2n + 1$

$a_n = 2^n (2n + 1)$

数学 B

例題 数列 $\{a_n\}$ において,$a_1=3$,$a_{n+1}=4a_n+2^n$ ($n=1,\ 2,\ 3,\ \cdots$) のとき,次の問いに答えよ.

(1) $b_n=\dfrac{a_n}{4^n}$ とするとき,数列 $\{b_n\}$ の一般項を求めよ.

(2) 数列 $\{a_n\}$ の一般項を求めよ.

解答

※ indexと累乗の指数をそろえる.

(1) $a_{n+1}=4a_n+2^n$ の両辺を 4^{n+1} で割って,

$$\dfrac{a_{n+1}}{4^{n+1}}=\dfrac{4a_n}{4^{n+1}}+\dfrac{2^n}{4^{n+1}}$$

$$\dfrac{a_{n+1}}{4^{n+1}}=\dfrac{a_n}{4^n}+\dfrac{1}{4\cdot 2^n}$$

$$b_{n+1}=b_n+\dfrac{1}{4\cdot 2^n}$$

※ $4^{n+1}=4\cdot 4^n = 4\cdot 2^{2n}$

したがって,$b_1=\dfrac{3}{4}$,$b_{n+1}-b_n=\dfrac{1}{4\cdot 2^n}$ より,$n\geqq 2$ のとき,

$$b_n=\dfrac{3}{4}+\sum_{k=1}^{n-1}\dfrac{1}{4\cdot 2^k}$$

$$=\dfrac{3}{4}+\dfrac{1}{4}\sum_{k=1}^{n-1}\dfrac{1}{2^k}$$

$$=\dfrac{3}{4}+\dfrac{1}{4}\cdot\dfrac{\dfrac{1}{2}\left\{1-\left(\dfrac{1}{2}\right)^{n-1}\right\}}{1-\dfrac{1}{2}}$$

$$=1-\dfrac{1}{2^{n+1}}$$

これは,$n=1$ のときも成り立つ.したがって,$b_n=1-\dfrac{1}{2^{n+1}}$

(2) $b_n=\dfrac{a_n}{4^n}$ より,

$$\dfrac{a_n}{4^n}=1-\dfrac{1}{2^{n+1}}$$

$$a_n=4^n-2^{n-1}$$

6.19 漸化式を解く (4)

例題 数列 $\{a_n\}$ において, $a_1 = 3$, $a_{n+1} = 4a_n + 2^n$ ($n = 1, 2, 3, \cdots$) のとき, 次の問いに答えよ.

(1) $b_n = \dfrac{a_n}{2^n}$ するとき, 数列 $\{b_n\}$ の一般項を求めよ.

(2) 数列 $\{a_n\}$ の一般項を求めよ.

解答

(1) $a_{n+1} = 4a_n + 2^n$ の両辺を 2^{n+1} で割って,

$$\frac{a_{n+1}}{2^{n+1}} = \frac{4a_n}{2^{n+1}} + \frac{2^n}{2^{n+1}}$$

$$\frac{a_{n+1}}{2^{n+1}} = 2 \cdot \frac{a_n}{2^n} + \frac{1}{2}$$

$$b_{n+1} = 2b_n + \frac{1}{2}$$

したがって, 数列 $\{b_n\}$ は初項 $b_1 = \dfrac{3}{2}$, $b_{n+1} = 2b_n + \dfrac{1}{2}$ より,

$$\alpha = 2\alpha + \frac{1}{2}$$

$$\alpha = -\frac{1}{2}$$

よって, $b_{n+1} + \dfrac{1}{2} = 2\left(b_n + \dfrac{1}{2}\right)$ となる. このことより,

数列 $\left\{b_n + \dfrac{1}{2}\right\}$ は, 初項 $b_1 + \dfrac{1}{2} = 2$, 公比 2 の等比数列となるので,

$$b_n + \frac{1}{2} = 2 \cdot 2^{n-1}$$

$$b_n = 2^n - \frac{1}{2}$$

(2) $b_n = \dfrac{a_n}{2^n}$ より,

$$\frac{a_n}{2^n} = 2^n - \frac{1}{2}$$

$$a_n = 4^n - 2^{n-1}$$

このように $a_{n+1} = pa_n + c^n$ の形の漸化式では,

(i) 両辺を p^{n+1} でわって階差型

(ii) 両辺を c^{n+1} でわって (等比+等差)型

のいずれかにもちこんで解く.

数学B

例題 数列 $\{a_n\}$ は, $a_1 = 10$, $a_n = 3a_{n-1} - 8n - 4$ ($n = 1, 2, 3, \cdots$) を満たしている. この数列の一般項を求めよ.

解答 $g(n) = \alpha n + \beta$ とする.
$$a_n - g(n+1) = 3(a_n - g(n))$$
を満たすように α, β を定める.
$$a_{n+1} - \{\alpha(n+1) + \beta\} = 3\{a_n - (\alpha n + \beta)\}$$
$$a_{n+1} = 3a_n - 2\alpha n + \alpha - 2\beta$$
これが, $a_{n+1} = 3a_n - 8n - 4$ となればよいので,
$$\begin{cases} -2\alpha = -8 \\ \alpha - 2\beta = -4 \end{cases} \quad \therefore \quad \alpha = 4, \ \beta = 4$$

したがって, $g(n) = 4n + 4$ であるから, 数列 $\{a_n - 4n - 4\}$ は, 初項 $a_1 - 4 - 4 = 2$, 公比 3 の等比数列となる.
$$a_n - 4n - 4 = 2 \cdot 3^{n-1}$$
$$a_n = 2 \cdot 3^{n-1} + 4n + 4$$

これは $g(n)$ をみつけるのにちょっと手間がかかるが, $g(n)$ さえ求まればあとは楽に解ける.

6.20 漸化式を解く (5)

no.102 漸化式を解く (5) 三項間漸化式

$a_{n+2} = p a_{n+1} + q a_n$

(i) $p + q = 1$ のとき

両辺から a_{n+1} をひいて,

$$a_{n+2} - a_{n+1} = -q(a_{n+1} - a_n)$$

と変形すると, 階差数列 $\{a_{n+1} - a_n\}$ が公比 $-q$ の等比数列となる.

(ii) $p + q \neq 1$ のとき

$t^2 = pt + q$ を満たす t の解を α, β とすると,

$$\begin{cases} a_{n+2} - \alpha a_{n+1} = \beta(a_{n+1} - \alpha a_n) \\ a_{n+2} - \beta a_{n+1} = \alpha(a_{n+1} - \beta a_n) \end{cases}$$

として, a_n を求める.

例題 $a_1 = 1$, $a_2 = 2$, $4a_{n+2} = a_{n+1} + 3a_n$ ($n \geq 1$) で定められる数列 $\{a_n\}$ の一般項を求めよ.

解答

与えられた漸化式より,

$$a_{n+2} = \frac{1}{4} a_{n+1} + \frac{3}{4} a_n \qquad \frac{1}{4} + \frac{3}{4} = 1 \text{ だから}\ldots$$

両辺から a_{n+1} を引くと,

$$a_{n+2} - a_{n+1} = -\frac{3}{4} a_{n+1} + \frac{3}{4} a_n$$

$$a_{n+2} - a_{n+1} = -\frac{3}{4}(a_{n+1} - a_n)$$

$b_n = a_{n+1} - a_n$ とすると, $b_{n+1} = -\frac{3}{4} b_n$, $b_1 = 2 - 1 = 1$ より, 数列 $\{a_n\}$ の階差数列 $\{b_n\}$ は, 初項 1, 公比 $-\frac{3}{4}$ の等比数列となるので,

数学B

$$b_n = \left(-\frac{3}{4}\right)^{n-1}$$

したがって，$n \geqq 2$ のとき，

$$\begin{aligned}
a_n &= 1 + \sum_{k=1}^{n-1} \left(-\frac{3}{4}\right)^{k-1} \\
&= 1 + \frac{1 - \left(-\frac{3}{4}\right)^{n-1}}{1 + \frac{3}{4}} \\
&= 1 + \frac{4}{7}\left\{1 - \left(-\frac{3}{4}\right)^{n-1}\right\} \\
&= \frac{11}{7} - \frac{4}{7}\left(-\frac{3}{4}\right)^{n-1}
\end{aligned}$$

これは $n = 1$ のときも成り立つ．よって，$a_n = \dfrac{11}{7} - \dfrac{4}{7}\left(-\dfrac{3}{4}\right)^{n-1}$

例題 $a_1 = 1$, $a_2 = 2$, $a_{n+2} - a_{n+1} - 6a_n = 0$ で定義された数列 $\{a_n\}$ の一般項を求めよ．

解答 $t^2 - t - 6 = 0$ を解いて，$t = -2, 3$ 1+6≠1だから…

$$\begin{cases} a_{n+2} + 2a_{n+1} = 3(a_{n+1} + 2a_n) & \cdots \text{①} \\ a_{n+2} - 3a_{n+1} = -2(a_{n+1} - 3a_n) & \cdots \text{②} \end{cases}$$

①より，数列 $\{a_{n+1} + 2a_n\}$ は，初項 $a_2 + 2a_1 = 4$，公比 3 の等比数列である．

②より，数列 $\{a_{n+1} - 3a_n\}$ は，初項 $a_2 - 3a_1 = -1$，公比 -2 の等比数列である．

したがって，

$$\begin{cases} a_{n+1} + 2a_n = 4 \cdot 3^{n-1} & \cdots \text{③} \\ a_{n+1} - 3a_n = -(-2)^{n-1} & \cdots \text{④} \end{cases}$$

③－④ より，

$$5a_n = 4 \cdot 3^{n-1} + (-2)^{n-1}$$
$$a_n = \frac{4 \cdot 3^{n-1} + (-2)^{n-1}}{5}$$

6.21 数学的帰納法

no.103 数学的帰納法

自然数nに関する命題$P(n)$が真であることを示すとき，

(1) $n=1$のとき，命題$P(n)$は真である．

(2) $n=k$のとき，命題$P(n)$が真であると仮定すると，$n=k+1$のときも真になる．

を示せばよい．

例題 任意の自然数nに対して，等式

$$\frac{1}{1\cdot 2}+\frac{1}{3\cdot 4}+\cdots\cdots+\frac{1}{(2n-1)\cdot 2n}=\frac{1}{n+1}+\frac{1}{n+2}+\cdots\cdots+\frac{1}{n+n}$$

が成り立つことを証明せよ．

解答 数学的帰納法を用いて証明する．

(i) $n=1$のとき，

$$\text{左辺}=\frac{1}{1\cdot 2}=\frac{1}{2}$$

$$\text{右辺}=\frac{1}{1+1}=\frac{1}{2}$$

より成り立つ．

(ii) $n=k$のとき成り立つと仮定すると，

$$\frac{1}{1\cdot 2}+\frac{1}{3\cdot 4}+\cdots\cdots+\frac{1}{(2k-1)\cdot 2k}=\frac{1}{k+1}+\frac{1}{k+2}+\cdots\cdots+\frac{1}{k+k}$$

$\cdots$①

①の両辺に$\dfrac{1}{(2k+1)(2k+2)}$を加えると，

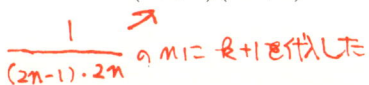

$\dfrac{1}{(2n-1)\cdot 2n}$の$n$に$k+1$を代入した

数学B

$$\frac{1}{1\cdot 2}+\frac{1}{3\cdot 4}+\cdots\cdots+\frac{1}{(2k-1)\cdot 2k}+\frac{1}{(2k+1)(2k+2)}$$
$$=\frac{1}{k+1}+\frac{1}{k+2}+\cdots\cdots+\frac{1}{k+k}+\frac{1}{(2k+1)(2k+2)}$$
$$=\frac{1}{k+1}+\frac{1}{k+2}+\cdots\cdots+\frac{1}{k+k}+\frac{1}{2k+1}-\frac{1}{2k+2}$$
$$=\frac{1}{k+2}+\frac{1}{k+3}+\cdots\cdots+\frac{1}{k+k}+\frac{1}{2k+1}+\frac{1}{2k+2}$$

※ $\frac{1}{k+1}-\frac{2}{2k+2}=\frac{1}{2k+2}$

※ 右辺の n に $k+1$ を代入した式になった。

となり，$n=k+1$ のときも成り立つ．

(i)，(ii)より，すべての自然数 n について成り立つ．

例題 5以上のすべての自然数に対して，$2^n > n^2$ であることを証明せよ．

解答

数学的帰納法を用いて証明する．

(i) $n=5$ のとき，

　　左辺 $= 2^5 = 32$，右辺 $= 5^2 = 25$

　より成り立つ．

(ii) $n=k$ ($k\geq 5$) のとき成り立つと仮定すると，

　　$2^k > k^2$

　両辺に 2 をかけて，

　　$2^{k+1} > 2k^2$

　ここで，$k \geq 5$ より，

　　$2k^2 - (k+1)^2 = k^2 - 2k - 1$
　　　　　　　　　$= (k-1)^2 - 2 > 0$

　したがって，

　　$2^{k+1} > (k+1)^2$

　となり，$n=k+1$ のときも成り立つ．

(i)，(ii)より，5以上のすべての自然数について成り立つ．

※ 不等式の証明のときは，例えば (左辺) > (右辺) を直接証明するのではなく，
(左辺) > A，A > (右辺)
∴ (左辺) > (右辺)
という手順になる．
この問題では，$2k^2$ が A にあたる．

6.22 数学的帰納法の応用 (1)

no.104　数学的帰納法の応用 (1)

自然数 n に関する命題 $P(n)$ が真であることを示すとき,
(1) $n=1$, 2 のとき, 命題 $P(n)$ は真である.
(2) $n=k$, $k+1$ のとき, 命題 $P(n)$ が真であると仮定すると, $n=k+2$ のときも真になる.

を示せばよい.

例題 a, b は正の整数とする. 2次方程式 $x^2 - ax + b = 0$ の2つの実数解を α, β とするとき, すべての自然数 n について, $\alpha^n + \beta^n$ が整数となることを示せ.

解答

数学的帰納法を用いて証明する.

(i) $n=1$ のとき $\alpha + \beta = a$

　　$n=2$ のとき, $\alpha^2 + \beta^2 = (\alpha+\beta)^2 - 2\alpha\beta = a^2 - 2b$

　　したがって, $n=1$, 2 のとき, $\alpha^2 + \beta^2$ は整数となる.

数学 B

(ii) $n = k$, $k+1$ のとき $\alpha^k + \beta^k$, $\alpha^{k+1} + \beta^{k+1}$ が整数であると仮定する.

$n = k+2$ のとき,
$$\alpha^{k+2} + \beta^{k+2} = \left(\alpha^{k+1} + \beta^{k+1}\right)(\alpha + \beta) - \alpha\beta\left(\alpha^k + \beta^k\right)$$
$$= a\left(\alpha^{k+1} + \beta^{k+1}\right) - b\left(\alpha^k + \beta^k\right)$$

仮定より, $\alpha^k + \beta^k$, $\alpha^{k+1} + \beta^{k+1}$ が整数であるから, $\alpha^{k+2} + \beta^{k+2}$ も整数となり, $n = k+2$ のときも成り立つ.

(i), (ii)のより, すべての自然数 n について, $\alpha^n + \beta^n$ は整数である.

※この問題では、$\alpha^{k+1} + \beta^{k+1}$ が $\alpha^k + \beta^k$ を用いて表せれば前問と同じやり方で OKなのだが,
$\alpha^{k+1} + \beta^{k+1} = (\alpha^k + \beta^k)(\alpha + \beta) - \alpha\beta(\alpha^{k-1} + \beta^{k-1})$
となり、2つ前 (つまり, $\alpha^{k-1} + \beta^{k-1}$) を用いないと表せない
よって、「$n=1, 2$ で真, $n=k, k+1$ で真と仮定する」という
やり方が必要になる.

6.23 数学的帰納法の応用 (2)

no. 105 ✓✓✓ 数学的帰納法の応用 (2)

自然数 n に関する命題 $P(n)$ が真であることを示すとき,
(1) $n=1$ のとき, 命題 $P(n)$ は真である.
(2) $1 \leqq n \leqq k$ のとき, 命題 $P(n)$ が真であると仮定すると, $n=k+1$ のときも真になる.

を示せばよい.

例題 数列 $\{a_n\}$ (ただし $a_n > 0$) について, 次の関係式が成り立っている.

$$(a_1 + a_2 + \cdots\cdots + a_n)^2 = a_1^3 + a_2^3 + \cdots\cdots + a_n^3$$

このとき, 次の問いに答えよ.

(1) a_1, a_2, a_3 を求め, 一般項を推定せよ.
(2) 数学的帰納法を用いて, (1) の推定が正しいことを証明せよ.

解答

(1) $n=1$
$$a_1^2 = a_1^3,\ a_1 > 0 \text{ より},\ a_1 = 1$$
$n=2$
$$(1+a_2)^2 = 1 + a_2^3$$
$$a_2^3 - a_2^2 + 2a_2 = 0$$

$$a_2(a_2-2)(a_2+1) = 0$$
$$a_2 > 0 \text{ より},\ a_2 = 2$$

数学B

$n = 3$
$$(1 + 2 + a_3)^2 = 1 + 8 + a_3^3$$
$$a_3^3 - a_3^2 - 6a_3 = 0$$
$$a_3(a_3 - 3)(a_3 + 2) = 0$$
$a_3 > 0$ より, $a_3 = 3$

以上より, $a_n = n$ と推定される.

(2) (i) (1) より, $n = 1$ のとき成り立つ.

(ii) $n \leq k$ で成り立つと仮定すると,
$$(1 + 2 + \cdots\cdots + k)^2 = 1^3 + 2^3 + \cdots\cdots + k^3 \quad \cdots ①$$
となる.

$n = k + 1$ のとき,
$$(1 + 2 + \cdots\cdots + k + a_{k+1})^2$$
$$= 1^3 + 2^3 + \cdots\cdots + k^3 + a_{k+1}^3$$
$$(1 + 2 + \cdots\cdots + k)^2 + 2(1 + 2 + \cdots\cdots + k)a_{k+1} + a_{k+1}^2$$
$$= 1^3 + 2^3 + \cdots\cdots + k^3 + a_{k+1}^3$$

$\{\underline{(1+2+\cdots+k)} + a_{k+1}\}^2$ とみて
和の平方

①と, $1 + 2 + \cdots\cdots + k = \dfrac{k(k+1)}{2}$ より,

①より,
$(1+2+\cdots+k)^2 = 1^3 + 2^3 + \cdots + k^3$
だから消えた.

$$k(k+1)a_{k+1} + a_{k+1}^2 = a_{k+1}^3$$
$$a_{k+1}\{a_{k+1}^2 - a_{k+1} - k(k+1)\} = 0$$
$$a_{k+1}(a_{k+1} + k)(a_{k+1} - k - 1) = 0$$

$a_{k+1} > 0$ より, $a_{k+1} = k + 1$ となり, $n = k + 1$ のときも成り立つ.

したがって, すべての自然数 n について成り立つ.

※(1)で一般項を推定するときに
a_2を求めるには a_1 が必要
a_3を求めるには a_1, a_2 が必要
であることがわかる.
a_{k+1}を求めるときには a_1 から a_k までが全て必要になる.
よって,「$n \leq k$ で成り立つと仮定」して証明をすすめなくては
いけない.

数学B

第7章 ベクトル

数学 B

7.1 ベクトル

no.106 ベクトル

ベクトル：向きと大きさをもつ量．

ベクトルの相等：$\vec{a} = \vec{b} \Leftrightarrow \vec{a}$ と $\vec{b}$ の向きと大きさが等しい．

ベクトルの大きさ：ベクトル $\vec{a}$ の大きさを $|\vec{a}|$ と書く．

単位ベクトル：大きさが 1 のベクトル

零ベクトル：大きさが 0 のベクトル．$\vec{0}$ と書く．

逆ベクトル：$\vec{a}$ と大きさが等しく向きが反対であるベクトル．$\vec{a}$ の逆ベクトルは $-\vec{a}$

no.107 ベクトルの演算

ベクトルの和：$\vec{a} + \vec{b}$

ベクトルの差：$\vec{a} - \vec{b}$

ベクトルの実数倍：$k\vec{a}$（k は実数）

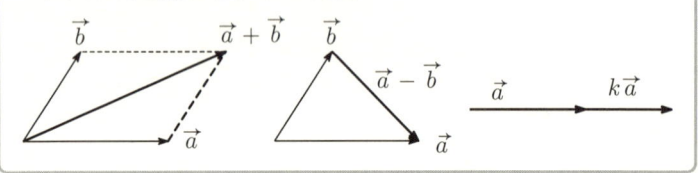

例題 右の図で与えられたベクトル $\vec{a}$，$\vec{b}$，$\vec{c}$ について，次のベクトルを作図せよ．

(1) $\vec{a} + \vec{b}$
(2) $\vec{a} - \vec{c}$
(3) $\vec{a} - \vec{b} + \dfrac{1}{2}\vec{c}$

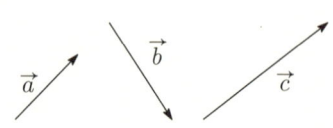

解答

(1) $\vec{a} + \vec{b}$ の図

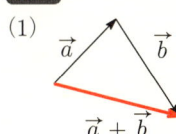

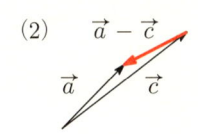

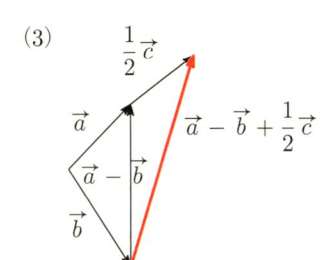

(2) $\vec{a} - \vec{c}$ の図

(3) $\vec{a} - \vec{b} + \dfrac{1}{2}\vec{c}$ の図

> ベクトルは、向きと大きさだけに注目すればよく、その場所はどこにあってもよい。
> 例えば(1)は $\vec{a}$ の終点と $\vec{a}$ の始点が一致するように移動させている。

no.108 ベクトルの計算法則

k, ℓ を実数とする.

(1) $\vec{a} + \vec{b} = \vec{b} + \vec{a}$ （交換法則）

(2) $\left(\vec{a} + \vec{b}\right) + \vec{c} = \vec{a} + \left(\vec{b} + \vec{c}\right)$ （結合法則）

(3) $k\left(\vec{a} + \vec{b}\right) = k\vec{a} + k\vec{b}$ （ベクトルに関する分配法則）

(4) $(k + \ell)\vec{a} = k\vec{a} + \ell\vec{b}$ （実数に関する分配法則）

(5) $(k\ell)\vec{a} = k(\ell\vec{a})$ （結合法則）

(6) $1 \cdot \vec{a} = \vec{a}$

数学B

no.109 ベクトルの平行

$\vec{0}$ でない2つのベクトル $\vec{a}, \vec{b}$ は，その向きが等しいかまたは反対のとき**平行**であるといい，

$\vec{a} \mathbin{/\!/} \vec{b}$

と表す．

ベクトルが平行になる条件をまとめると，

$\vec{a} \neq \vec{0}$, $\vec{b} \neq \vec{0}$ のとき，
$\vec{a} \mathbin{/\!/} \vec{b} \Leftrightarrow \vec{b} = k\vec{a}$ を満たす実数 k が存在する．

$k > 0$ のとき $\vec{a}$ と $\vec{b}$ は同じ向き
$k < 0$ のとき $\vec{a}$ と $\vec{b}$ は反対の向き

例題 $\vec{a} + \vec{b} = -4\vec{p} + 3\vec{q}$, $2\vec{a} - \vec{b} = 12\vec{p} - 9\vec{q}$ であるとき，$\vec{a} \mathbin{/\!/} \vec{b}$ であることを示せ．ただし，$4\vec{p} \neq 3\vec{q}$ とする．

解答

$\vec{a} + \vec{b} = -4\vec{p} + 3\vec{q}$ …①, $2\vec{a} - \vec{b} = 12\vec{p} - 9\vec{q}$ …②

①+② より，$3\vec{a} = 8\vec{p} - 6\vec{q}$ ∴ $\vec{a} = \dfrac{2}{3}(4\vec{p} - 3\vec{q})$

$2 \times$①$-$② より，$3\vec{b} = -20\vec{p} + 15\vec{q}$ ∴ $\vec{b} = -\dfrac{5}{3}(4\vec{p} - 3\vec{q})$

$4\vec{p} - 3\vec{q} \neq \vec{0}$ で，$\vec{b} = -\dfrac{5}{2}\vec{a}$ より，$\vec{a} \mathbin{/\!/} \vec{b}$ である．

7.2 位置ベクトル

no. 110 位置ベクトル

定点 O を基点に定めると，任意の点 A の位置は，$\overrightarrow{OA} = \vec{a}$ で決まる．この $\vec{a}$ を「**点 A の位置ベクトル**」という．

点 A の位置ベクトルが $\vec{a}$ のとき，A$(\vec{a})$ と表す．

no. 111 位置ベクトルの基本

2 点 A，B の位置ベクトルをそれぞれ $\vec{a}$，$\vec{b}$ とすると，

$$\overrightarrow{AB} = \vec{b} - \vec{a}$$

である．

$\overrightarrow{OA} + \overrightarrow{AB} = \overrightarrow{OB}$
$\overrightarrow{AB} = \overrightarrow{OB} - \overrightarrow{OA} = \vec{b} - \vec{a}$

no. 112 分点の位置ベクトル

異なる 2 点 A，B の位置ベクトルを $\vec{a}$，$\vec{b}$ とする．線分 AB を $m:n$ の比に分ける点 P の位置ベクトルは，

$$\vec{p} = \frac{n\vec{a} + m\vec{b}}{m+n}$$

特に，P が線分 AB の中点である場合（つまり，$m:n = 1:1$）のとき，

$$\vec{p} = \frac{\vec{a} + \vec{b}}{2}$$

と表すことができる．

数学B

例題 △ABCの3辺 BC, CA, AB を 2:3 の比に内分する点をそれぞれ D, E, F とし, O を任意の点であるとする. 次の等式が成り立つことを証明せよ.

(1) $\overrightarrow{OA} + \overrightarrow{OB} + \overrightarrow{OC} = \overrightarrow{OD} + \overrightarrow{OE} + \overrightarrow{OF}$
(2) $\overrightarrow{AD} + \overrightarrow{BE} + \overrightarrow{CF} = \vec{0}$

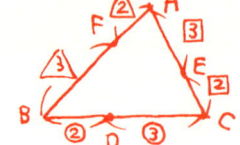

解答

$\overrightarrow{OA} = \vec{a}$, $\overrightarrow{OB} = \vec{b}$, $\overrightarrow{OC} = \vec{c}$ とする.

(1) $\overrightarrow{OD} = \dfrac{3\vec{b} + 2\vec{c}}{5}$, $\overrightarrow{OE} = \dfrac{3\vec{c} + 2\vec{a}}{5}$, $\overrightarrow{OF} = \dfrac{3\vec{a} + 2\vec{b}}{5}$ より,

$$\overrightarrow{OD} + \overrightarrow{OE} + \overrightarrow{OF} = \dfrac{3\vec{b} + 2\vec{c}}{5} + \dfrac{3\vec{c} + 2\vec{a}}{5} + \dfrac{3\vec{a} + 2\vec{b}}{5}$$
$$= \vec{a} + \vec{b} + \vec{c}$$

したがって, $\overrightarrow{OA} + \overrightarrow{OB} + \overrightarrow{OC} = \overrightarrow{OD} + \overrightarrow{OE} + \overrightarrow{OF}$

(2) $\overrightarrow{AD} = \overrightarrow{OD} - \overrightarrow{OA} = \dfrac{3\vec{b} + 2\vec{c}}{5} - \vec{a}$

同様にして, $\overrightarrow{BE} = \dfrac{3\vec{c} + 2\vec{a}}{5} - \vec{b}$, $\overrightarrow{CF} = \dfrac{3\vec{a} + 2\vec{b}}{5} - \vec{c}$ であるから,

$$\overrightarrow{AD} + \overrightarrow{BE} + \overrightarrow{CF} = \dfrac{3\vec{b} + 2\vec{c}}{5} - \vec{a} + \dfrac{3\vec{c} + 2\vec{a}}{5} - \vec{b}$$
$$+ \dfrac{3\vec{a} + 2\vec{b}}{5} - \vec{c}$$
$$= \vec{0}$$

別解

$\overrightarrow{AD} = \overrightarrow{OD} - \overrightarrow{OA}$, $\overrightarrow{BE} = \overrightarrow{OE} - \overrightarrow{OB}$, $\overrightarrow{CF} = \overrightarrow{OF} - \overrightarrow{OC}$ より,

$$\overrightarrow{AD} + \overrightarrow{BE} + \overrightarrow{CF} = \overrightarrow{OD} - \overrightarrow{OA} + \overrightarrow{OE} - \overrightarrow{OB} + \overrightarrow{OF} - \overrightarrow{OC}$$
$$= \overrightarrow{OD} + \overrightarrow{OE} + \overrightarrow{OE} - (\overrightarrow{OA} + \overrightarrow{OB} + \overrightarrow{OC})$$
$$= \vec{0}$$

チャレンジ問題

四角形 ABCD において、辺 AD, BC 上にそれぞれ点 P, Q を
$$AP : PD = BQ : QC = m : n$$
となるようにとる。線分 AB, PQ, CD の中点を S, R, T とすると、3 点 S, R, T は一直線上にあることを示せ。

$\overrightarrow{SR} = k\overrightarrow{ST}$ を示せばよい.

解答

各頂点の位置ベクトルを, $A(\vec{a})$, $B(\vec{b})$, $C(\vec{c})$, $D(\vec{d})$ とし, 点 P, Q の位置ベクトルをそれぞれ $P(\vec{p})$, $Q(\vec{q})$ とすると,

$$\vec{p} = \frac{n\vec{a} + m\vec{d}}{m+n}, \quad \vec{q} = \frac{n\vec{b} + m\vec{c}}{m+n}$$

より, 点 R の位置ベクトル $\vec{r}$ は, R は PQ の中点

$$\vec{r} = \frac{n}{2(m+n)}\left(\vec{a} + \vec{b}\right) + \frac{m}{2(m+n)}\left(\vec{c} + \vec{d}\right)$$

となる。ここで, 点 S, T の位置ベクトルをそれぞれ $\vec{s}$, $\vec{t}$ とすると,

$$\vec{s} = \frac{1}{2}\left(\vec{a} + \vec{b}\right), \quad \vec{t} = \frac{1}{2}\left(\vec{c} + \vec{d}\right)$$

となるので,

$$\overrightarrow{SR} = \frac{n}{2(m+n)}\left(\vec{a} + \vec{b}\right) + \frac{m}{2(m+n)}\left(\vec{c} + \vec{d}\right)$$
$$\quad - \frac{1}{2}\left(\vec{a} + \vec{b}\right)$$
$$= \frac{m}{2(m+n)}\left(\vec{c} + \vec{d} - \vec{a} - \vec{b}\right)$$

$$\overrightarrow{ST} = \frac{1}{2}\left(\vec{c} + \vec{d} - \vec{a} - \vec{b}\right)$$

したがって,

$$\overrightarrow{SR} = \frac{m}{m+n}\overrightarrow{ST}$$
$\overrightarrow{SR} = k\overrightarrow{ST}$ が示せた.

したがって, S, R, T は一直線上にある。

数学B

no.113 三角形の重心の位置ベクトル

$A(\vec{a})$, $B(\vec{b})$, $C(\vec{c})$ のとき，$\triangle ABC$ の重心を G とする．このとき，重心 G の位置ベクトル $\vec{g}$ は，3 頂点の位置ベクトルの平均に等しい．つまり，

$$\vec{g} = \frac{\vec{a} + \vec{b} + \vec{c}}{3}$$

となる．

例題 $\triangle ABC$ の辺 AB，BC，CA をそれぞれ $t:(1-t)$ の比に内分する点を P, Q, R とするとき，$\triangle ABC$ の重心と $\triangle PQR$ の重心は一致することを示せ．

解答 頂点の位置ベクトルをそれぞれ $A(\vec{a})$, $B(\vec{b})$, $C(\vec{c})$, $\triangle ABC$ の重心 G の位置ベクトルを $\vec{g}$ とすると，

$$\vec{g} = \frac{\vec{a} + \vec{b} + \vec{c}}{3}$$

3 点 P, Q, R の位置ベクトルをそれぞれ $\vec{p}$, $\vec{q}$, $\vec{r}$ とすると，

$\vec{p} = (1-t)\vec{a} + t\vec{b}$

$\vec{q} = (1-t)\vec{b} + t\vec{c}$

$\vec{r} = (1-t)\vec{c} + t\vec{a}$

となる．ここで，$\triangle PQR$ の重心 H の位置ベクトルを $\vec{h}$ とすると，

$$\vec{h} = \frac{\vec{p} + \vec{q} + \vec{r}}{3}$$

$$= \frac{(1-t)\vec{a} + t\vec{b} + (1-t)\vec{b} + t\vec{c} + (1-t)\vec{c} + t\vec{a}}{3}$$

$$= \frac{\vec{a} + \vec{b} + \vec{c}}{3}$$

$$= \vec{g}$$

したがって，$\triangle ABC$ の重心と $\triangle PQR$ の重心は一致する．

7.3 ベクトルの成分

no.114 ベクトルの成分

x 軸の正の向きの単位ベクトルを $\vec{e_1}$, y 軸の正の向きの単位ベクトルを $\vec{e_2}$ とすると，平面上のベクトル $\vec{a}$ は，
$$\vec{a} = a_1\vec{e_1} + a_2\vec{e_2} \quad \cdots ①$$
の形に表すことができる．このとき，$\vec{e_1}$, $\vec{e_2}$ を**基本ベクトル**とよぶ．

また，①を**基本ベクトル表示**という．

no.115 ベクトルの成分表示

$\vec{a} = a_1\vec{e_1} + a_2\vec{e_2}$ と表されるとき，このベクトル $\vec{a}$ を
$$\vec{a} = (a_1, a_2) \quad \cdots ②$$
と表し，a_1, a_2 を $\vec{a}$ の成分といい，a_1 を x 成分，a_2 を y 成分という．

②をベクトルの**成分表示**という．

no.116 ベクトルの相等と成分

$\vec{a} = (a_1, a_2)$, $\vec{b} = (b_1, b_2)$ のとき，
$$\vec{a} = \vec{b} \Leftrightarrow a_1 = b_1 \text{ かつ } a_2 = b_2$$
が成り立つ．

数学B

no.117 ベクトルの大きさ

$\vec{a} = (a_1, a_2)$ のとき,
$$|\vec{a}| = \sqrt{a_1{}^2 + a_2{}^2}$$ （三平方の定理）
である．

no.118 成分による計算

$\vec{a} = (a_1, a_2)$, $\vec{b} = (b_1, b_2)$ のとき,
(1) $\vec{a} + \vec{b} = (a_1 + b_1, a_2 + b_2)$
(2) $\vec{a} - \vec{b} = (a_1 - b_1, a_2 - b_2)$
(3) $k\vec{a} = (ka_1, ka_2)$ （ただし, k は実数）

例題 $\vec{a} = (1, -3)$, $\vec{b} = (2, 4)$, $\vec{c} = (3, 5)$ のとき，次のベクトルを成分表示せよ．また，それらのベクトルの大きさを求めよ．
(1) $4\vec{a} + 2\vec{b}$ (2) $3\vec{a} + \vec{b} - 2\vec{c}$
(3) $\vec{a}$ と同じ向きの単位ベクトル $\vec{e}$

解答 成分の計算をするときには，$\begin{pmatrix} a_1 \\ a_2 \end{pmatrix}$ のように縦書きにするとよい．これを「列ベクトル表示」という．

(1) $4\vec{a} + 2\vec{b} = 4\begin{pmatrix} 1 \\ -3 \end{pmatrix} + 2\begin{pmatrix} 2 \\ 4 \end{pmatrix} = \begin{pmatrix} 4+4 \\ -12+8 \end{pmatrix} = \begin{pmatrix} 8 \\ -4 \end{pmatrix}$

$\therefore 4\vec{a} + 2\vec{b} = (8, -4)$

大きさは，$|4\vec{a} + 2\vec{b}| = \sqrt{8^2 + (-4)^2} = 4\sqrt{5}$

(2) $3\vec{a} + \vec{b} - 2\vec{c} = 3\begin{pmatrix} 1 \\ -3 \end{pmatrix} + \begin{pmatrix} 2 \\ 4 \end{pmatrix} - 2\begin{pmatrix} 3 \\ 5 \end{pmatrix} = \begin{pmatrix} 3+2-6 \\ -9+4-10 \end{pmatrix}$

$= \begin{pmatrix} -1 \\ -15 \end{pmatrix}$

$\therefore 3\vec{a} + \vec{b} - 2\vec{c} = (-1, -15)$

大きさは，$|3\vec{a} + \vec{b} - 2\vec{c}| = \sqrt{(-1)^2 + (-15)^2} = \sqrt{226}$

(3) $\vec{e} = \dfrac{\vec{a}}{|\vec{a}|} = \dfrac{\vec{a}}{\sqrt{1^2+(-3)^2}} = \left(\dfrac{1}{\sqrt{10}},\ -\dfrac{3}{\sqrt{10}}\right)$

$\vec{e}$ は単位ベクトルより，$|\vec{e}|=1$

チャレンジ問題

AD // BC である台形 ABCD において，A(1, 3)，B(−1, 2)，C(2, −2)，AD = 8 のとき，点 D の座標をベクトルを用いて求めよ．

解答

D(a, b) とする．

$\overrightarrow{BC} = \begin{pmatrix} 2+1 \\ -2-2 \end{pmatrix} = \begin{pmatrix} 3 \\ -4 \end{pmatrix}$

したがって，

$\left|\overrightarrow{BC}\right| = \sqrt{3^2+(-4)^2} = 5.$

このことより，$\overrightarrow{AD} = \dfrac{8}{5}\overrightarrow{BC}$ となる．(AD // BC)

ここで，$\overrightarrow{AD} = \begin{pmatrix} a-1 \\ b-3 \end{pmatrix}$ であるから，

$\overrightarrow{AD} = \overrightarrow{OD} - \overrightarrow{OA}$

$\begin{pmatrix} a-1 \\ b-3 \end{pmatrix} = \dfrac{8}{5}\begin{pmatrix} 3 \\ -4 \end{pmatrix}$

よって，

$\begin{cases} a-1 = \dfrac{24}{5} \\ b-3 = -\dfrac{32}{5} \end{cases} \Leftrightarrow \begin{cases} a = \dfrac{29}{5} \\ b = -\dfrac{17}{5} \end{cases}$

以上より，$D\left(\dfrac{29}{5},\ -\dfrac{17}{5}\right)$

数学 B

チャレンジ問題

$\vec{a}=(-3, 2)$, $\vec{b}=(2, 1)$ のとき, $|\vec{a}+t\vec{b}|$ を最小にする実数 t の値と，そのときの最小値を求めよ．

解答

$$\vec{a}+t\vec{b}=\begin{pmatrix}-3\\2\end{pmatrix}+t\begin{pmatrix}2\\1\end{pmatrix}=\begin{pmatrix}-3+2t\\2+t\end{pmatrix}$$

したがって，
$$\begin{aligned}|\vec{a}+t\vec{b}|^2 &= (-3+2t)^2+(2+t)^2\\ &= 5t^2-8t+13\\ &= 5\left(t-\frac{4}{5}\right)^2+\frac{49}{5}\end{aligned}$$

したがって，最小値は $t=\dfrac{4}{5}$ のとき，$\sqrt{\dfrac{49}{5}}=\dfrac{7\sqrt{5}}{5}$

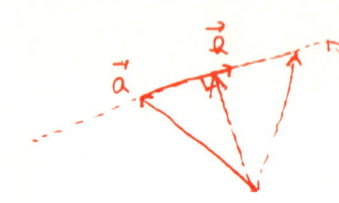

図形的には，$\vec{a}+t\vec{b}$ が $\vec{b}$ と垂直になるときである．

$\vec{a}+t\vec{b}$ の終点はこの直線上を動く．
その大きさが最小になるのだから垂直になるときである．

7.4 共線条件

no.119 共線条件（3点が一直線上にあるための条件）

2点 A, B が異なるとき，3点 A, B, C が一直線上にあるための条件は，

(1) $\vec{AC} = k\vec{AB}$ となる実数 k が存在する．（延長型）
(2) $\vec{OC} = s\vec{OA} + t\vec{OB}$ $(s+t=1)$ となる実数 s, t が存在する．（改斜型）

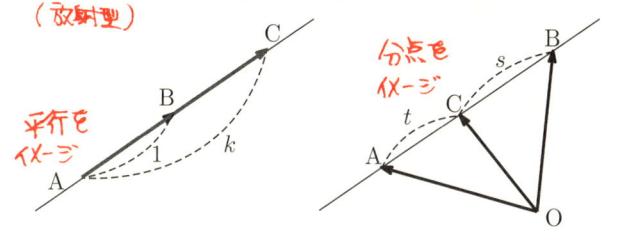

平行をイメージ / 分点をイメージ

例題 △ABC の辺 AB を $4:1$ に内分する点を P，辺 AC を $6:1$ に内分する点を Q とする．さらに，点 R を $2\vec{BC} = \vec{CR}$ を満たすように定める．原点を O とし，$\vec{OA} = \vec{a}$, $\vec{OB} = \vec{b}$, $\vec{OC} = \vec{c}$ とする．

このとき，3点 P, Q, R は同一直線上にあることを示せ．

解答 $\vec{OP} = \dfrac{\vec{a}+4\vec{b}}{5}$, $\vec{OQ} = \dfrac{\vec{a}+6\vec{c}}{7}$, $\vec{OR} = -2\vec{b} + 3\vec{c}$ より，

$$\vec{PQ} = \frac{\vec{a}+6\vec{c}}{7} - \frac{\vec{a}+4\vec{b}}{5} = \frac{-2\vec{a} - 28\vec{b} + 30\vec{c}}{35}$$

$$\vec{PR} = -2\vec{b} + 3\vec{c} - \frac{\vec{a}+4\vec{b}}{5} = \frac{-\vec{a} - 14\vec{b} + 15\vec{c}}{5}$$

より，$\vec{PR} = \dfrac{7}{2}\vec{PQ}$ これは延長型で証明できた．

よって，3点 P, Q, R は一直線上にある．

7.5 一次独立

no.120 一次独立

$\vec{a}$, $\vec{b}$ がともに $\vec{0}$ でなく、かつ平行でないとき、

$\vec{a}$ と $\vec{b}$ は**一次独立である**

という。

簡単に言うと、「一方のベクトルを用いて他方のベクトルを表すことが出来ない 2 つのベクトル」のことである。平面においては、$\vec{0}$ でなく、かつ平行でない 2 つのベクトル $\vec{a}$, $\vec{b}$ を用いて、同一平面上にあるベクトルはただ一通りに表される。

例題 $\vec{a}$, $\vec{b}$ はともに $\vec{0}$ でなく、平行でもないとする。

$$\overrightarrow{OP} = \vec{a} + \vec{b}, \quad \overrightarrow{OQ} = 3\vec{a} - \vec{b}, \quad \overrightarrow{OR} = k\vec{a} + l\vec{b}$$

のとき、3 点 P, Q, R が一直線上にあるための k と l の間に成り立つ関係式を求めよ。

解答

3 点 P, Q, R が一直線上にあるとき、ある実数 t を用いて、

$$\overrightarrow{PR} = t\overrightarrow{PQ}$$

と表すことができる。したがって、

$$\overrightarrow{OR} - \overrightarrow{OP} = t\left(\overrightarrow{OQ} - \overrightarrow{OP}\right)$$

$$k\vec{a} + l\vec{b} - \left(\vec{a} + \vec{b}\right) = t\left\{3\vec{a} - \vec{b} - \left(\vec{a} + \vec{b}\right)\right\}$$

$$(k-1)\vec{a} + (l-1)\vec{b} = 2t\vec{a} - 2t\vec{b}$$

7.5 一次独立

$\vec{a}$ と $\vec{b}$ は一次独立より, （$\vec{a}, \vec{b}$ が一次独立より, 同一平面上にあるベクトルはただ一通りに表される。ベクトルの相等より係数を比較すればよい。）

$$\begin{cases} k-1 = 2t \\ l-1 = -2t \end{cases}$$

このことより, $k+l-2 = 0$

チャレンジ問題

△OAB において, 辺 OA を $2:1$ に内分する点を C, 辺 OB を $2:3$ に内分する点を D, 線分 AD と線分 BC の交点を Q とする. $\overrightarrow{OA} = \vec{a}$, $\overrightarrow{OB} = \vec{b}$ とするとき, $\overrightarrow{OQ}$ を $\vec{a}$, $\vec{b}$ を用いて表せ.

解答

3点 C, Q, B は共線より, 実数 s を用いて, （分解型）

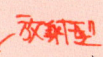

$$\overrightarrow{OQ} = s\overrightarrow{OC} + (1-s)\overrightarrow{OB}$$
$$= \frac{2}{3}s\vec{a} + (1-s)\vec{b}$$

3点 A, Q, D は共線より, 実数 t を用いて, （分解型）

$$\overrightarrow{OQ} = t\overrightarrow{OA} + (1-t)\overrightarrow{OD}$$
$$= t\vec{a} + \frac{2}{5}(1-t)\vec{b}$$

$\vec{a}$ と $\vec{b}$ は一次独立より, （$\overrightarrow{OQ}$ は $\vec{a}, \vec{b}$ を用いてただ一通りに表される。）

$$\begin{cases} \dfrac{2}{3}s = t \\ 1-s = \dfrac{2}{5}(1-t) \end{cases}$$

これを解いて, $s = \dfrac{9}{11}$, $t = \dfrac{6}{11}$

したがって, $\overrightarrow{OQ} = \dfrac{6}{11}\vec{a} + \dfrac{2}{11}\vec{b}$

数学 B

7.6 ベクトルの内積

no. 121 ベクトルの内積の定義

$\vec{a} \neq \vec{0}$, $\vec{b} \neq \vec{0}$, $\vec{a}$ と $\vec{b}$ のなす角が θ のとき,

$$\vec{a} \cdot \vec{b} = |\vec{a}||\vec{b}|\cos\theta$$

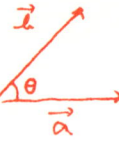

$\vec{a} = \vec{0}$ または $\vec{b} = \vec{0}$ のとき $\vec{a} \cdot \vec{b} = 0$ と定める.

no. 122 ベクトルの大きさ

$\vec{a} \cdot \vec{a} = |\vec{a}|^2$　$\vec{a} \cdot \vec{a} = |\vec{a}||\vec{a}|\cos 0° = |\vec{a}|^2$

no. 123 ベクトルが垂直になる条件

$\vec{a} \neq \vec{0}$, $\vec{b} \neq \vec{0}$ のとき,（$\cos 90° = 0$ より）
$\vec{a} \perp \vec{b} \Leftrightarrow \vec{a} \cdot \vec{b} = 0$　$\vec{a} \cdot \vec{b} = |\vec{a}||\vec{b}| \times 0 = 0$

no. 124 内積の演算規則

(1) $\vec{a} \cdot \vec{b} = \vec{b} \cdot \vec{a}$

(2) $\left(\vec{a} + \vec{b}\right) \cdot \vec{c} = \vec{a} \cdot \vec{c} + \vec{b} \cdot \vec{c}$

(3) $(k\vec{a}) \cdot \vec{b} = \vec{a} \cdot \left(k\vec{b}\right) = k\left(\vec{a} \cdot \vec{b}\right)$　（ただし, k は実数）

7.6 ベクトルの内積

例題 $|\vec{a}| = 3$, $|\vec{b}| = 2$, $|\vec{a} - 2\vec{b}| = 4$ のとき, $\vec{a} + t\vec{b}$ が $\vec{a} - \vec{b}$ と直交するように t の値を定めよ.

解答

$|\vec{a} - 2\vec{b}| = 4$ より,
$$|\vec{a}|^2 - 4\vec{a} \cdot \vec{b} + 4|\vec{b}|^2 = 16$$

$|\vec{a}| = 3$, $|\vec{b}| = 2$ を代入して,
$$9 - 4\vec{a} \cdot \vec{b} + 16 = 16$$
$$\vec{a} \cdot \vec{b} = \frac{9}{4}$$

$\vec{a} + t\vec{b}$ と $\vec{a} - \vec{b}$ が直交することより,
$$(\vec{a} + t\vec{b}) \cdot (\vec{a} - \vec{b}) = 0$$
$$|\vec{a}|^2 + (t-1)\vec{a} \cdot \vec{b} - t|\vec{b}|^2 = 0$$
$$9 + \frac{9}{4}(t-1) - 4t = 0$$
$$t = \frac{27}{7}$$

---

no. 125　内積の成分表示

$\vec{a} = (a_1, a_2)$, $\vec{b} = (b_1, b_2)$ のとき,
$$\vec{a} \cdot \vec{b} = a_1 b_1 + a_2 b_2$$

数学 B

no.126 2つのベクトルのなす角

$\vec{a} = (a_1, a_2)$, $\vec{b} = (b_1, b_2)$ のなす角を θ ($0 \leq \theta \leq \pi$) とすると,

$$\cos\theta = \frac{\vec{a}\cdot\vec{b}}{|\vec{a}||\vec{b}|} = \frac{a_1 b_1 + a_2 b_2}{\sqrt{a_1{}^2 + a_2{}^2}\sqrt{b_1{}^2 + b_2{}^2}}$$

内積の定義から.

例題 次の2つのベクトルの内積となす角 θ を求めよ.

(1) $\vec{a} = (2, 4)$, $\vec{b} = (-1, 3)$ (2) $\vec{a} = (1, \sqrt{3})$, $\vec{b} = (\sqrt{3}, -3)$

解答

(1) $\vec{a}\cdot\vec{b} = 2\cdot(-1) + 4\cdot 3 = 10$

$|\vec{a}| = \sqrt{2^2 + 4^2} = 2\sqrt{5}$, $|\vec{b}| = \sqrt{(-1)^2 + 3^2} = \sqrt{10}$ より,

$$\cos\theta = \frac{10}{2\sqrt{5}\cdot\sqrt{10}} = \frac{1}{\sqrt{2}}$$

したがって, $\theta = \dfrac{\pi}{4}$

(2) $\vec{a}\cdot\vec{b} = 1\cdot\sqrt{3} + \sqrt{3}\cdot(-3) = -2\sqrt{3}$

$|\vec{a}| = \sqrt{1^2 + (\sqrt{3})^2} = 2$, $|\vec{b}| = \sqrt{(\sqrt{3})^2 + (-3)^2} = 2\sqrt{3}$ より,

$$\cos\theta = \frac{-2\sqrt{3}}{2\cdot 2\sqrt{3}} = -\frac{1}{2}$$

したがって, $\theta = \dfrac{2}{3}\pi$

no.127 三角形の面積

$\vec{CA} = \vec{a} = (a_1, a_2)$, $\vec{CB} = \vec{b} = (b_1, b_2)$ とすると，△ABC の面積は，

$$S = \frac{1}{2}\sqrt{|\vec{a}|^2|\vec{b}|^2 - (\vec{a}\cdot\vec{b})^2} = \frac{1}{2}|a_1 b_2 - a_2 b_1|$$

下を参照

例題
3点 A$(-1, 2)$, B$(3, 5)$, C$(1, 6)$ がある．このとき，△ABC の面積を求めよ．

解答
$\vec{AB} = (4, 3)$, $\vec{AC} = (2, 4)$ より，
$$\triangle ABC = \frac{1}{2}|4\cdot 4 - 3\cdot 2| = 5$$

$$\begin{aligned}
S &= \frac{1}{2}|\vec{CA}||\vec{CB}|\sin\theta \\
&= \frac{1}{2}|\vec{CA}||\vec{CB}|\sqrt{1-\cos^2\theta} \\
&= \frac{1}{2}\sqrt{|\vec{CA}|^2|\vec{CB}|^2 - |\vec{CA}|^2|\vec{CB}|^2\cos^2\theta} \\
&= \frac{1}{2}\sqrt{|\vec{a}|^2|\vec{b}|^2 - (\vec{a}\cdot\vec{b})^2}
\end{aligned}$$

$$\begin{aligned}
S &= \frac{1}{2}\sqrt{|\vec{a}|^2|\vec{b}|^2 - (\vec{a}\cdot\vec{b})^2} \\
&= \frac{1}{2}\sqrt{(a_1^2+a_2^2)(b_1^2+b_2^2) - (a_1 b_1 + a_2 b_2)^2} \\
&= \frac{1}{2}\sqrt{a_1^2 b_2^2 - 2a_1 a_2 b_1 b_2 + a_2^2 b_1^2} \\
&= \frac{1}{2}\sqrt{(a_1 b_2 - a_2 b_1)^2} \\
&= \frac{1}{2}|a_1 b_2 - a_2 b_1|
\end{aligned}$$

チャレンジ問題

三角形 OAB において，OA $= 3$, OB $= 2$, AB $= \sqrt{7}$ とする．

(1) 2つのベクトル $\vec{OA}$ と $\vec{OB}$ の内積 $\vec{OA}\cdot\vec{OB}$ を求めよ．

(2) △OAB の面積を求めよ．

(3) 点 O から辺 AB に垂線を下ろし，AB との交点を C とするとき，$\vec{OC}$ を求めよ．

(4) ∠AOB の二等分線と辺 AB との交点を D とするとき，$\vec{OD}$ を求めよ．

解答

(1) $|\vec{AB}| = \sqrt{7}$ より, $\vec{AB} = \vec{OB} - \vec{OA}$

$$|\vec{OB} - \vec{OA}|^2 = 7$$

$$|\vec{OB}|^2 - 2\vec{OA} \cdot \vec{OB} + |\vec{OA}|^2 = 7$$

$$13 - 2\vec{OA} \cdot \vec{OB} = 7$$

$$\vec{OA} \cdot \vec{OB} = 3$$

(2) $\triangle ABC = \dfrac{1}{2}\sqrt{|\vec{OA}|^2 |\vec{OB}|^2 - (\vec{OA} \cdot \vec{OB})^2}$

$\quad = \dfrac{1}{2}\sqrt{9 \cdot 4 - 3^2}$

$\quad = \dfrac{3\sqrt{3}}{2}$ ← 放研型

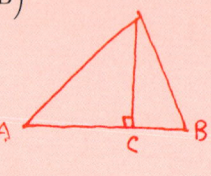

(3) $\vec{OC} = (1-t)\vec{OA} + t\vec{OB}$ とすると, $\vec{OC} \perp \vec{AB}$ より,

$$\vec{OC} \cdot \vec{AB} = 0 \quad \text{垂直条件}$$

$$\{(1-t)\vec{OA} + t\vec{OB}\} \cdot (\vec{OB} - \vec{OA}) = 0$$

$$(1-2t)\vec{OA} \cdot \vec{OB} - (1-t)|\vec{OA}|^2 + t|\vec{OB}|^2 = 0$$

$$3(1-2t) - 9(1-t) + 4t = 0$$

$$t = \dfrac{6}{7}$$

したがって, $\vec{OC} = \dfrac{1}{7}\vec{OA} + \dfrac{6}{7}\vec{OB}$

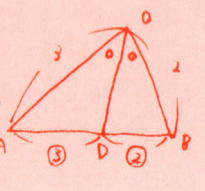

(4) $AD:BD = OA:OB = 3:2$ より,

$$\vec{OD} = \dfrac{2}{5}\vec{OA} + \dfrac{3}{5}\vec{OB}$$

7.7 図形の方程式

no.128 直線の媒介変数表示

平面上の定点 $P_0(\vec{p_0})$ を通り，与えられたベクトル $\vec{d}$ に平行な直線の方程式は，t を実数として，

$$\vec{p} = \vec{p_0} + t\vec{d}$$

と表すことができる．

このとき，ベクトル $\vec{d}$ を**方向ベクトル**，実数 t を**媒介変数**という．

点 P_0 の座標を (x_1, y_1)，ベクトル $\vec{d} = (a, b)$ とすると，

$$\begin{cases} x = x_1 + ta \\ y = y_1 + tb \end{cases}$$

と表すことができる．

例題 次の問いに答えよ．

(1) 点 $(3, 1)$ を通り，方向ベクトルが $(-1, 3)$ の直線の方程式を，t を媒介変数とする方程式と，その t を消去した方程式を求めよ．

(2) 2点 $(-2, 3)$，$(4, 6)$ を通る直線の式を求めよ．

解答

(1) $\begin{pmatrix} x \\ y \end{pmatrix} = \begin{pmatrix} 3 \\ 1 \end{pmatrix} + t \begin{pmatrix} -1 \\ 3 \end{pmatrix}$ より，$\begin{cases} x = 3 - t \\ y = 1 + 3t \end{cases}$

$t = 3 - x$ より，$y = 1 + 3(3 - x)$ ∴ $3x + y - 10 = 0$

数学B

(2) 方向ベクトルを $\vec{d}$ とすると，

$$\vec{d} = \begin{pmatrix} 4 \\ 6 \end{pmatrix} - \begin{pmatrix} -2 \\ 3 \end{pmatrix} = \begin{pmatrix} 6 \\ 3 \end{pmatrix}$$ 点 $(-2,3)$ を通り，方向ベクトル $(6,3)$

したがって，$\begin{cases} x = -2 + 6t \\ y = 3 + 3t \end{cases}$

ここから t を消去して，$x - 2y + 8 = 0$

129 2点を通る直線の方程式

$A(\vec{a})$, $B(\vec{b})$ を通る直線上の任意の点を $P(\vec{p})$ とすると，適当な実数 t を用いて

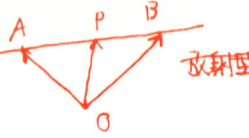

$\vec{p} = (1-t)\vec{a} + t\vec{b}$

と表せる．また，

$0 \leqq t \leqq 1$ のとき点 P は，線分 AB 上にある．

$t > 1$ のとき点 P は，線分 AB の B をこえる延長上にある．

$t < 0$ のとき点 P は，線分 AB の A をこえる延長上にある．

さらに，$1 - t = \alpha$, $t = \beta$ とすると，$A(\vec{a})$, $B(\vec{b})$ を通る直線の方程式は，

$\vec{p} = \alpha\vec{a} + \beta\vec{b}$ （ただし，$\alpha + \beta = 1$）

と表せる．

教科書

例題 2点 $A(-4, 2)$, $B(1, -1)$ を通る直線の方程式を求めよ．

解答

$\begin{pmatrix} x \\ y \end{pmatrix} = (1-t)\begin{pmatrix} -4 \\ 2 \end{pmatrix} + t\begin{pmatrix} 1 \\ -1 \end{pmatrix}$ より，

$\begin{cases} x = -4 + 5t \\ y = 2 - 3t \end{cases}$

ここから t を消去して，$3x + 5y + 2 = 0$

no.130 内積を使った直線の方程式

点 $A(\vec{a})$ を通り $\vec{n}$ に垂直な直線は,
$$\vec{n} \cdot (\vec{p} - \vec{a}) = 0$$
と表される.このとき, $\vec{n}$ をこの直線の**法線ベクトル**という.

点 $A(x_1, y_1)$, $\vec{n} = (a, b)$ のとき,
$$a(x - x_1) + b(y - y_1) = 0$$

$\rightarrow \begin{pmatrix} a \\ b \end{pmatrix} \cdot \begin{pmatrix} x-x_1 \\ y-y_1 \end{pmatrix} = 0$

$\Leftrightarrow a(x-x_1) + b(y-y_1) = 0$

となる.

※直線 $ax + by + c = 0$ は, $\vec{n} = (a, b)$ に垂直である.

例題 次の問いに答えよ.

(1) 点 $A(2, 1)$ を通り, $\vec{n} = (2, 5)$ に垂直な直線の方程式を求めよ.

(2) 3点 $A(4, 3)$, $B(-2, 2)$, $C(1, -4)$ がある.点 A を通り,BC に垂直な直線の方程式を求めよ.

解答

(1) $2(x - 2) + 5(y - 1) = 0$ ∴ $2x + 5y - 9 = 0$

(2) $\vec{BC} = (3, -6)$ より,求める直線の方程式は,
$$3(x - 4) - 6(y - 3) = 0$$
$$x - 4 - 2(y - 3) = 0$$
$$x - 2y + 2 = 0$$

no.131 円の方程式 (1)

中心 $C(\vec{c})$, 半径 r の円 $|\vec{p} - \vec{c}| = r$ …① 定点からの距離一定

原点が中心,半径 r の円 $|\vec{p}| = r$

①の両辺を2乗すると,
$$(\vec{p} - \vec{c}) \cdot (\vec{p} - \vec{c}) = r^2$$
と表せる.ここで, $\vec{p} = (x, y)$, $\vec{c} = (x_0, y_0)$ とすると,
$$(\vec{p} - \vec{c}) \cdot (\vec{p} - \vec{c}) = r^2 \Leftrightarrow (x - x_0)^2 + (y - y_0)^2 = r^2$$
となる.

数学B

例題 平面上に △ABC がある．この平面上で，点 P が
$$\vec{AP} \cdot \vec{BP} = \vec{AC} \cdot \vec{BC}$$
をみたしているとき，点 P の軌跡を求めよ．

解答

線分 AB の中点を O として，点 O を基点とする位置ベクトルを，$A(\vec{a})$, $B(\vec{b})$, $C(\vec{c})$, $P(\vec{p})$ とすると，

$$(\vec{p} - \vec{a}) \cdot (\vec{p} - \vec{b}) = (\vec{c} - \vec{a}) \cdot (\vec{c} - \vec{b})$$

$$|\vec{p}|^2 - (\vec{a} + \vec{b}) \cdot \vec{p} + \vec{a} \cdot \vec{b} = |\vec{c}|^2 - (\vec{a} + \vec{b}) \cdot \vec{c} + \vec{a} \cdot \vec{b}$$

$$|\vec{p}|^2 - (\vec{a} + \vec{b}) \cdot \vec{p} = |\vec{c}|^2 - (\vec{a} + \vec{b}) \cdot \vec{c} \quad \longrightarrow (\ast)$$

ここで，線分 AB の中点が O であることより，

$$\vec{a} + \vec{b} = \vec{0}$$

したがって，

$$|\vec{p}|^2 = |\vec{c}|^2 \quad \therefore |\vec{p}| = |\vec{c}|$$

このことより，点 P は線分 AB の中点を中心とし，点 C を通る円をえがく．

no.132 円の方程式 (2)

2点 $A(\vec{a})$, $B(\vec{b})$ を直径の両端とする円の方程式は，

$$(\vec{p} - \vec{a}) \cdot (\vec{p} - \vec{b}) = 0$$

7.7 図形の方程式

例題 平面上に点 P と △ABC がある．次の条件を満たす点 P の軌跡を求めよ．

(1) $\vec{AP} \cdot \vec{AP} = \vec{AP} \cdot \vec{AB}$ (2) $3\vec{PA} \cdot \vec{PB} = 4\vec{PA} \cdot \vec{PC}$

解答

$A(\vec{a})$, $B(\vec{b})$, $C(\vec{c})$, $P(\vec{p})$ とする．

(1) $\vec{AP} \cdot \vec{AP} - \vec{AP} \cdot \vec{AB} = 0$

$$\vec{AP} \cdot (\vec{AP} - \vec{AB}) = 0$$

$$\vec{AP} \cdot \vec{BP} = 0$$

$$(\vec{p} - \vec{a}) \cdot (\vec{p} - \vec{b}) = 0$$

したがって，2 点 A，B を直径の両端とする円を描く．

(2) $3\vec{PA} \cdot \vec{PB} - 4\vec{PA} \cdot \vec{PC} = 0$

$$\vec{PA} \cdot (3\vec{PB} - 4\vec{PC}) = 0$$

$$(\vec{a} - \vec{p}) \cdot (3\vec{b} - 3\vec{p} - 4\vec{c} + 4\vec{p}) = 0$$

$$(\vec{a} - \vec{p}) \cdot (\vec{p} + 3\vec{b} - 4\vec{c}) = 0$$

$$(\vec{p} - \vec{a}) \cdot \{\vec{p} - (-3\vec{b} + 4\vec{c})\} = 0$$

ここで，$-3\vec{b} + 4\vec{c} = \dfrac{-3\vec{b} + 4\vec{c}}{4 - 3}$ より，点 P は点 A と線分 BC を 4:3 に外分する点を直径の両端とする円を描く．

数学B

7.8 空間座標

no.133 空間座標

空間の座標は，互いに直交する3本の座標軸によって定められる．

これらは点Oを原点とする数直線で，それぞれ x 軸，y 軸，z 軸という．

- x 軸と y 軸によって定められる平面を xy 平面という．
- y 軸と z 軸によって定められる平面を yz 平面という．
- z 軸と x 軸によって定められる平面を zx 平面という．

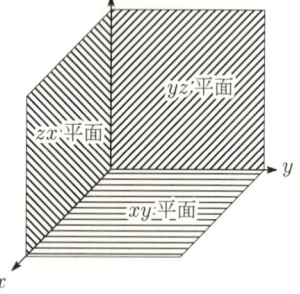

これらをまとめて**座標平面**という．

空間における任意の点Pに対して，点Pを通りそれぞれの平面に平行な平面と x 軸，y 軸，z 軸との交点をそれぞれ a, b, c とするとき，この3つの実数の組 (a, b, c) を点Pの座標といい，P(a, b, c) と表す．

例題 右図のような直方体OABC−DEFGがある．次の問いに答えよ．

(1) 点A, B, C, E, F, Gの座標を求めよ．
(2) 点Fの xy 平面に関する対称点Pの座標を求めよ．
(3) 点Fの y 軸に関する対称点Qの座標を求めよ．
(4) 点Fの原点に関する対称点Rの座標を求めよ．

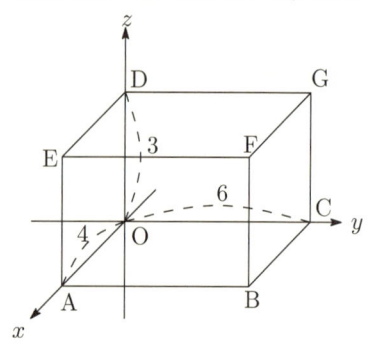

解答

(1) A$(4, 0, 0)$, B$(4, 6, 0)$, C$(0, 6, 0)$, D$(0, 0, 3)$, E$(4, 0, 3)$, F$(4, 6, 3)$, G$(0, 6, 3)$

(2) 右の図で，
BF = BP = 3 より，
P$(4, 6, -3)$

(3) 右の図で，
CF = CQ より，
Q$(-4, 6, -3)$

(4) 右の図で，
OF = OR より，
R$(-4, -6, -3)$

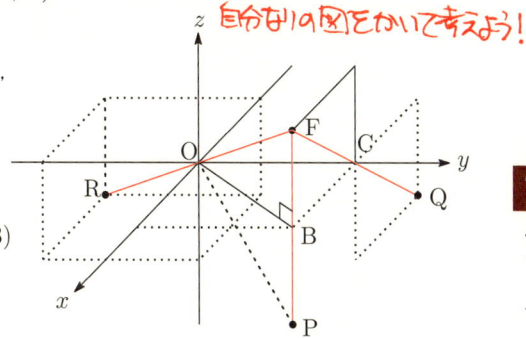

例題
点 A$(2, 4, 6)$ に関して，点 B$(6, -4, 2)$ と対称な点 P の座標を求めよ．

解答

点 P の座標を (x, y, z) とすると，点 A は線分 BP の中点であるから，

$$\frac{6+x}{2} = 2, \quad \frac{-4+y}{2} = 4, \quad \frac{2+z}{2} = 6$$

したがって，P$(-2, 12, 10)$

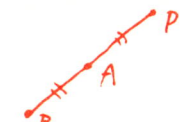

no.134 空間における 2 点間の距離

2 点 A(x_1, y_1, z_1)，B(x_2, y_2, z_2) 間の距離 AB は，

$$AB = \sqrt{(x_1 - x_2)^2 + (y_1 - y_2)^2 + (z_1 - z_2)^2}$$

で求めることができる．

特に，原点 O と点 A との距離は，

$$OA = \sqrt{x_1{}^2 + y_1{}^2 + z_1{}^2}$$

である．

例題 次の問いに答えよ．

(1) y 軸上にあって，2点 A(3, 1, 0)，B(0, 3, 5) から等距離にある点 C の座標を求めよ．

(2) zx 平面上にあって，3点 P(1, 1, 2)，Q(2, 2, 1)，R(2, 1, 3) から等距離にある点 S の座標を求めよ．

解答 余計な未知数を増やさないように条件をきちんと読むこと

(1) 点 C は <u>y 軸上の点より，$(0, y, 0)$</u> とおける．
$$AC^2 = (0-3)^2 + (y-1)^2 + (0-0)^2 = y^2 - 2y + 10$$
$$BC^2 = (0-0)^2 + (y-3)^2 + (0-5)^2 = y^2 - 6y + 34$$
$AC^2 = BC^2$ より，
$$y^2 - 2y + 10 = y^2 - 6y + 34$$
$$4y = 24$$
$$y = 6$$

したがって，C(0, 6, 0)

(2) 点 S は <u>zx 平面上の点より，$(x, 0, z)$</u> とおける．
$PS^2 = (x-1)^2 + (0-1)^2 + (z-2)^2 = x^2 - 2x + z^2 - 4z + 6$ …①
$QS^2 = (x-2)^2 + (0-2)^2 + (z-1)^2 = x^2 - 4x + z^2 - 2z + 9$ …②
$RS^2 = (x-2)^2 + (0-1)^2 + (z-3)^2 = x^2 - 4x + z^2 - 6z + 14$ …③

①＝② より，$2x - 2z = 3$
②＝③ より，$4z = 5$

したがって，$z = \dfrac{5}{4}$，$x = \dfrac{11}{4}$ ∴ $S\left(\dfrac{11}{4}, 0, \dfrac{5}{4}\right)$

no. 135 分点の座標

A(a_1, a_2, a_3)，B(b_1, b_2, b_3) のとき，線分 AB を $m:n$ に分ける点の座標は，
$$\left(\frac{na_1 + mb_1}{m+n}, \frac{na_2 + mb_2}{m+n}, \frac{na_3 + mb_3}{m+n}\right)$$
と表される．

7.8 空間座標

例題 $A(1, 4, 2)$, $B(2, 2, 3)$ がある.

(1) 線分 AB を $3:2$ に内分する点の座標を求めよ.
(2) 線分 AB を $3:2$ に外分する点の座標を求めよ.

[手書き注: $3:(-2)$ に内分]

解答

(1) $\left(\dfrac{2\cdot 1+3\cdot 2}{3+2},\ \dfrac{2\cdot 4+3\cdot 2}{3+2},\ \dfrac{2\cdot 2+3\cdot 3}{3+2}\right) = \left(\dfrac{8}{5},\ \dfrac{14}{5},\ \dfrac{13}{5}\right)$

(2) $\left(\dfrac{-2\cdot 1+3\cdot 2}{3-2},\ \dfrac{-2\cdot 4+3\cdot 2}{3-2},\ \dfrac{-2\cdot 2+3\cdot 3}{3-2}\right) = (4,\ -2,\ 5)$

no.136 座標平面に平行な平面

x 軸上の点 $(a, 0, 0)$ を通り yz 平面の平行な平面は, $x=a$ で表される.

例題 2点 $A(4, -2, 4)$, $B(6, 6, 6)$ と xy 平面に平行な平面 $z=2$ 上に動点 P がある. 線分の長さの和 $AP+PB$ の最小値を求めよ.

解答 平面 $z=2$ に関する点 B の対称点を B', 線分 BB' と平面 $z=2$ の交点を H とすると, $B'(6, 6, -2)$ となる.

ここで, 点 P がどこの位置にあっても, $\triangle BPH \equiv \triangle B'PH$ より, $BP = B'P$ となる.

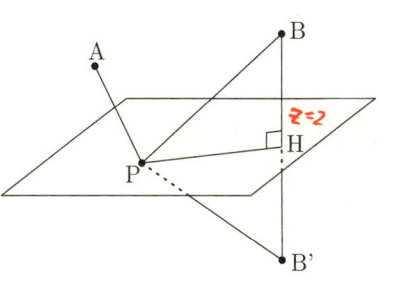

したがって, $AP+PB$ の最小値は, $AP+PB'$ の最小値と一致する.
$AP+PB'$ が最小となるとき, 3点 A, P, B' が一直線上にあるので,

$$AB' = \sqrt{(6-4)^2 + \{6-(-2)\}^2 + (-2-4)^2}$$
$$= \sqrt{2^2+8^2+6^2}$$
$$= 2\sqrt{26}$$

[手書き注: 三角形で, 2辺の長さの和は, 他の一辺より必ず長いから, $AP_2+P_2B' < AP_1+P_1B'$]

229

7.9 空間のベクトル

平面と同様のことがいえる．

137 空間のベクトル

空間においても，平面の場合と同様に有向線分を元にして，**空間のベクトル**が考えられる．

空間のベクトルについても，相等，和・差，実数倍が平面ベクトルと同様に定義される．

計算法則も平面ベクトルと同様である．

ベクトルの平行についても，平面と同様に定義される．

138 空間のベクトルの成分

x 軸，y 軸，z 軸の正の向きの単位ベクトルを**基本ベクトル**といい，それぞれ $\vec{e_1}$, $\vec{e_2}$, $\vec{e_3}$ とすると，空間内のベクトル $\vec{a}$ は，
$$\vec{a} = a_1\vec{e_1} + a_2\vec{e_2} + a_3\vec{e_3}$$
の形に表すことができる．

139 空間のベクトルの成分表示

$\vec{a} = a_1\vec{e_1} + a_2\vec{e_2} + a_3\vec{e_3}$ と表されるとき，このベクトル $\vec{a}$ を
$$\vec{a} = (a_1,\ a_2,\ a_3)$$
と表し，a_1, a_2, a_3 を $\vec{a}$ の成分といい，a_1 を x 成分，a_2 を y 成分，a_3 を z 成分という．

140 ベクトルの成分と相等

$\vec{a} = (a_1,\ a_2,\ a_3)$, $\vec{b} = (b_1,\ b_2,\ b_3)$ のとき，
$$\vec{a} = \vec{b} \Leftrightarrow a_1 = b_1 \text{ かつ } a_2 = b_2 \text{ かつ } a_3 = b_3$$

7.9 空間のベクトル

no. 141 ベクトルの大きさ

$\vec{a} = (a_1, a_2, a_3)$ のとき，
$$|\vec{a}| = \sqrt{a_1{}^2 + a_2{}^2 + a_3{}^2}$$
である．

no. 142 成分による計算

$\vec{a} = (a_1, a_2, a_3)$, $\vec{b} = (b_1, b_2, b_3)$ のとき，
(1) $\vec{a} + \vec{b} = (a_1 + b_1, a_2 + b_2, a_3 + b_3)$
(2) $\vec{a} - \vec{b} = (a_1 - b_1, a_2 - b_2, a_3 - b_3)$
(3) $k\vec{a} = (ka_1, ka_2, ka_3)$ （ただし，k は実数）

例題 次の問いに答えよ．

(1) $\vec{a} = (1, 2, 3)$, $\vec{b} = (5, 2, 4)$ のとき，$\vec{a} + \vec{b}$, $2\vec{a} - 3\vec{b}$ の成分と大きさを求めよ．

(2) A$(2, -1, 2)$, B$(8, 2, 4)$ のとき，$\overrightarrow{AB}$ の成分と大きさを求めよ．また，$\overrightarrow{AB}$ と平行な単位ベクトルの成分を求めよ．

解答

(1) $\vec{a} + \vec{b} = \begin{pmatrix} 1 \\ 2 \\ 3 \end{pmatrix} + \begin{pmatrix} 5 \\ 2 \\ 4 \end{pmatrix} = (6, 4, 7)$

$2\vec{a} - 3\vec{b} = 2\begin{pmatrix} 1 \\ 2 \\ 3 \end{pmatrix} - 3\begin{pmatrix} 5 \\ 2 \\ 4 \end{pmatrix} = \begin{pmatrix} 2 \\ 4 \\ 6 \end{pmatrix} - \begin{pmatrix} 15 \\ 6 \\ 12 \end{pmatrix} = (-13, -2, -6)$

また，$\left|\vec{a} + \vec{b}\right| = \sqrt{6^2 + 4^2 + 7^2} = \sqrt{101}$

$\left|2\vec{a} - 3\vec{b}\right| = \sqrt{(-13)^2 + (-2)^2 + (-8)^2} = \sqrt{237}$

(2) $\overrightarrow{AB} = \begin{pmatrix} 8 \\ 2 \\ 4 \end{pmatrix} - \begin{pmatrix} 2 \\ -1 \\ 2 \end{pmatrix} = (6,\ 3,\ 2)$

$\left|\overrightarrow{AB}\right| = \sqrt{6^2 + 3^2 + 2^2} = \sqrt{49} = 7$

$\overrightarrow{AB}$ に平行な単位ベクトルは（大きさが1）

$\pm \dfrac{\overrightarrow{AB}}{\left|\overrightarrow{AB}\right|} = \pm \dfrac{1}{7}(6,\ 3,\ 2) = \left(\pm\dfrac{6}{7},\ \pm\dfrac{3}{7},\ \pm\dfrac{2}{7}\right)$（複合同順）

2つあることに注意!!

例題 4点 A(1, 2, −4), B(−3, −2, 1), C(−1, 0, −7), D(−5, −4, −2) がある．四角形 ABCD の形状をいえ．

解答

$\overrightarrow{AB} = \begin{pmatrix} -3 \\ -2 \\ 1 \end{pmatrix} - \begin{pmatrix} 1 \\ 2 \\ -4 \end{pmatrix} = (-4,\ -4,\ 5)$

$\overrightarrow{CD} = \begin{pmatrix} -5 \\ -4 \\ -2 \end{pmatrix} - \begin{pmatrix} -1 \\ 0 \\ -7 \end{pmatrix} = (-4,\ -4,\ 5)$

$\overrightarrow{AB} = \overrightarrow{CD}$ より，四角形 ABCD は平行四辺形である．

7.10 空間の位置ベクトル

これも平面ベクトルと同様

no. 143 位置ベクトル

定点 O を基点に定めると，任意の点 A の位置は，$\overrightarrow{OA} = \vec{a}$ で決まる．この $\vec{a}$ を「点 A の**位置ベクトル**」という．

点 A の位置ベクトルが $\vec{a}$ のとき，A$(\vec{a})$ と表す．

no. 144 位置ベクトルの基本

2点 A，B の位置ベクトルをそれぞれ $\vec{a}$，$\vec{b}$ とすると，
$$\overrightarrow{AB} = \vec{b} - \vec{a}$$
である．

no. 145 分点の位置ベクトル

異なる2点 A，B の位置ベクトルと $\vec{a}$，$\vec{b}$ とする．線分 AB を $m : n$ の比に分ける点 P の位置ベクトルは，
$$\vec{p} = \frac{n\vec{a} + m\vec{b}}{m + n}$$

特に，P が線分 AB の中点である場合（つまり，$m : n = 1 : 1$）のとき，
$$\vec{p} = \frac{\vec{a} + \vec{b}}{2}$$
と表すことができる．

数学B

例題 四面体 ABCD の辺 AB, CB, CD, AD を 3:2 に内分する点をそれぞれ P, Q, R, S とする．このとき，四角形 PQRS は平行四辺形となることを示せ．

ただし，点 A を基点とする位置ベクトルを $B(\vec{b})$, $C(\vec{c})$, $D(\vec{d})$ とする．

解答

4点 P, Q, R, S の位置ベクトルはそれぞれ，

$\overrightarrow{AP} = \dfrac{3}{5}\vec{b}$

$\overrightarrow{AQ} = \dfrac{2\vec{c} + 3\vec{b}}{5}$ 〔分点の位置ベクトル〕

$\overrightarrow{AR} = \dfrac{2\vec{c} + 3\vec{d}}{5}$

$\overrightarrow{AS} = \dfrac{3}{5}\vec{d}$

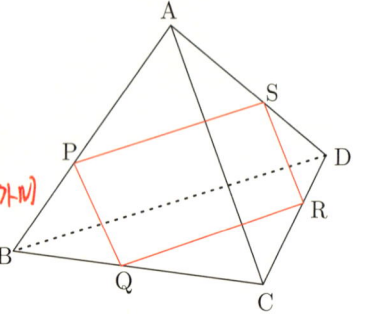

より，

$\overrightarrow{PS} = \overrightarrow{AS} - \overrightarrow{AP} = \dfrac{3}{5}\vec{d} - \dfrac{3}{5}\vec{b}$

$\overrightarrow{QR} = \overrightarrow{AR} - \overrightarrow{AQ} = \dfrac{2\vec{c} + 3\vec{d}}{5} - \dfrac{2\vec{c} + 3\vec{b}}{5} = \dfrac{3}{5}\vec{d} - \dfrac{3}{5}\vec{b}$

よって，$\overrightarrow{PS} = \overrightarrow{QR}$ となるので，四角形 PQRS は平行四辺形である．

no.146 三角形の重心の位置ベクトル

$A(\vec{a})$, $B(\vec{b})$, $C(\vec{c})$ のとき，△ABC の重心を G とする．このとき，重心 G の位置ベクトル $\vec{g}$ は，3頂点の位置ベクトルの平均に等しい．つまり，

$$\vec{g} = \dfrac{\vec{a} + \vec{b} + \vec{c}}{3}$$

となる．

7.10 空間の位置ベクトル

例題 四面体 ABCD において，△BCD の重心を E とする．頂点 A と点 E を結ぶ線分 AE を 3:1 に内分する点を G とするとき，

$$\overrightarrow{AG} + \overrightarrow{BG} + \overrightarrow{CG} + \overrightarrow{DG} = \vec{0}$$

が成り立つことを示せ．

解答

点 O を基点とする A, B, C, D, E, G の位置ベクトルをそれぞれ $\vec{a}$, $\vec{b}$, $\vec{c}$, $\vec{d}$, $\vec{e}$, $\vec{g}$ とすると, 点 E が △BCD の重心であることより，

$$\vec{e} = \frac{\vec{b} + \vec{c} + \vec{d}}{3}$$

となる．したがって，

$$\vec{g} = \frac{1 \cdot \vec{a} + 3 \cdot \vec{e}}{3+1} = \frac{\vec{a} + \vec{b} + \vec{c} + \vec{d}}{4}$$

よって，

$$\begin{aligned}
\overrightarrow{AG} + \overrightarrow{BG} + \overrightarrow{CG} + \overrightarrow{DG} &= \vec{g} - \vec{a} + \vec{g} - \vec{b} + \vec{g} - \vec{c} + \vec{g} - \vec{d} \\
&= 4\vec{g} - \left(\vec{a} + \vec{b} + \vec{c} + \vec{d}\right) \\
&= \vec{0}
\end{aligned}$$

※この問題で、点Gは四面体ABCDの重心である。

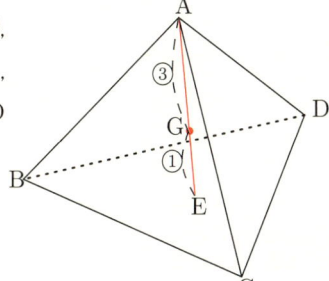

7.11 共面条件

no.147 共線条件（3点が一直線上にあるための条件）

2点 A, B が異なるとき，3点 $A(\vec{a})$, $B(\vec{b})$, $C(\vec{c})$ が一直線上にあるための条件は，

(1) $\vec{AC} = k\vec{AB}$ となる実数 k が存在する．(延長型)

(2) $\vec{c} = s\vec{a} + t\vec{b}$ $(s+t=1)$ となる実数 s, t が存在する．(分点型)

no.148 共面条件（4点が同一平面上にあるための条件）

空間内の3点 A, B, C が同一直線上にないとき，4点 $A(\vec{a})$, $B(\vec{b})$, $C(\vec{c})$, $D(\vec{d})$ が同一平面上にあるための条件は，

(1) $\vec{AD} = s\vec{AB} + t\vec{AC}$ となる実数 s, t が存在する．

← 同一平面にあるから、一次独立な2つのベクトル $\vec{AB}, \vec{AC}$ を用いてただ一通りに表せる．

(2) $\vec{d} = s\vec{a} + t\vec{b} + u\vec{c}$ $(s+t+u=1)$ となる実数 s, t, u が存在する．

$\vec{AD} = x\vec{AB} + u\vec{AC}$
$\vec{d} - \vec{a} = x(\vec{b} - \vec{a}) + u(\vec{c} - \vec{a})$
$\vec{d} = (1-x-u)\vec{a} + x\vec{b} + u\vec{c}$ $s = 1-x-u$ とすればよい

例題 四面体 OABC の辺 OA, OB, OC 上に3点 L, M, N を

OL : LA = 1 : 2
OM : MB = 2 : 3
ON : NC = 3 : 2

となるようにとり，△LMN の重心を G とする．
$\vec{OA} = \vec{a}$, $\vec{OB} = \vec{b}$, $\vec{OC} = \vec{c}$ として，次の問いに答えよ．

(1) OG の延長と △ABC の交点を P とするとき，$\vec{OP}$ を $\vec{a}$, $\vec{b}$, $\vec{c}$ を用いて表せ．

(2) AG の延長と △OBC の交点を Q とするとき，AG : GQ を求めよ．

7.11 共面条件

解答

$\overrightarrow{OL} = \dfrac{1}{3}\vec{a}$, $\overrightarrow{OM} = \dfrac{2}{5}\vec{b}$, $\overrightarrow{ON} = \dfrac{3}{5}\vec{c}$

(1) $\overrightarrow{OG} = \dfrac{\overrightarrow{OL} + \overrightarrow{OM} + \overrightarrow{ON}}{3}$

$= \dfrac{1}{9}\vec{a} + \dfrac{2}{15}\vec{b} + \dfrac{1}{5}\vec{c}$

より, k を実数として,

$\overrightarrow{OP} = k\overrightarrow{OG}$ (延長型)

$= \dfrac{1}{9}k\vec{a} + \dfrac{2}{15}k\vec{b} + \dfrac{1}{5}k\vec{c}$

と表すことができる. ここで, P は平面 ABC 上にあるので,

$\dfrac{1}{9}k + \dfrac{2}{15}k + \dfrac{1}{5}k = 1$ ← no.148 (2) から係数の和が1

$k = \dfrac{9}{4}$

したがって, $\overrightarrow{OP} = \dfrac{1}{4}\vec{a} + \dfrac{3}{10}\vec{b} + \dfrac{9}{20}\vec{c}$

(2) 点 Q は直線 AG 上にあるので, t を実数として,

$\overrightarrow{OQ} = (1-t)\overrightarrow{OA} + t\overrightarrow{OG}$ (斜線型)

$= (1-t)\vec{a} + t\left(\dfrac{1}{9}\vec{a} + \dfrac{2}{15}\vec{b} + \dfrac{1}{5}\vec{c}\right)$

$= \left(1 - \dfrac{8}{9}t\right)\vec{a} + \dfrac{2}{15}t\vec{b} + \dfrac{1}{5}t\vec{c}$

点 Q は平面 OBC 上の点であるから, $1 - \dfrac{8}{9}t = 0$ ∴ $t = \dfrac{9}{8}$

したがって,

$\overrightarrow{OQ} = \dfrac{3}{20}\vec{b} + \dfrac{9}{40}\vec{c}$

平面OBC上 ⇔ $\vec{b}$と$\vec{c}$のみを用いて表すことができる.
⇔ $\vec{a}$の係数が0

ここで, $\overrightarrow{AG} = -\dfrac{8}{9}\vec{a} + \dfrac{2}{15}\vec{b} + \dfrac{1}{5}\vec{c}$ より,

数学B

$$\vec{AQ} = -\vec{a} + \frac{3}{20}\vec{b} + \frac{9}{40}\vec{c}$$
$$= \frac{9}{8}\left(-\frac{8}{9}\vec{a} + \frac{2}{15}\vec{b} + \frac{1}{5}\vec{c}\right)$$
$$= \frac{9}{8}\vec{AG}$$

（手書き）$\vec{AQ} = k\vec{AG}$ を示せばよいので、$\vec{AG}$ の係数の何倍かを考える。

よって，AG：AQ ＝ 8：9 となるので，AG：GQ ＝ 8：1

チャレンジ問題

四面体 OABC において，$\vec{OA} = \vec{a}$，$\vec{OB} = \vec{b}$，$\vec{OC} = \vec{c}$ とする．

(1) 辺 AB の中点を L，辺 BC を 3：2 に内分する点を M，線分 AM と線分 CL の交点を P とするとき，$\vec{OP}$ を $\vec{a}$，$\vec{b}$，$\vec{c}$ を用いて表せ．

(2) 辺 OC の中点を N，平面 ABN と線分 OP との交点を Q とするとき，$\vec{OQ}$ を $\vec{a}$，$\vec{b}$，$\vec{c}$ を用いて表せ．

(3) 直線 CQ と平面 OAB の交点を R とするとき，$\vec{OR}$ を $\vec{a}$，$\vec{b}$，$\vec{c}$ を用いて表せ．

（手書き）頻出の重要題!!

解答

(1) AP：PM ＝ s：$(1-s)$，
CP：PL ＝ t：$(1-t)$ とすると，

（手書き）OAMで共線

$$\vec{OP} = (1-s)\vec{OA} + s\vec{OM}$$
$$= (1-t)\vec{a} + s\left(\frac{2\vec{b} + 3\vec{c}}{5}\right)$$
$$= (1-s)\vec{a} + \frac{2}{5}s\vec{b} + \frac{3}{5}s\vec{c}$$

（手書き）OCLで共線

$$\vec{OP} = (1-t)\vec{OC} + t\vec{OL}$$
$$= (1-t)\vec{c} + t\left(\frac{\vec{a} + \vec{b}}{2}\right)$$
$$= \frac{1}{2}t\vec{a} + \frac{1}{2}t\vec{b} + (1-t)\vec{c}$$

$\vec{a}, \vec{b}, \vec{c}$ は一次独立より,

$$\begin{cases} 1-s = \dfrac{t}{2} \\ \dfrac{2}{5}s = \dfrac{1}{2}t \\ \dfrac{3}{5}s = 1-t \end{cases}$$

これを解いて, $s = \dfrac{5}{7}$, $t = \dfrac{4}{7}$

したがって, $\overrightarrow{OP} = \dfrac{2}{7}\vec{a} + \dfrac{2}{7}\vec{b} + \dfrac{3}{7}\vec{c}$

(2) 点 Q は OP 上の点より, 実数 k を用いて,

$$\overrightarrow{OQ} = k\overrightarrow{OP} = \dfrac{2}{7}k\vec{a} + \dfrac{2}{7}k\vec{b} + \dfrac{3}{7}k\vec{c}$$

と表せる. ここで, 4点 A, B, N, Q は共面より,

$$\overrightarrow{OQ} = \alpha\vec{a} + \beta\vec{b} + \gamma\overrightarrow{ON}$$
$$= \alpha\vec{a} + \beta\vec{b} + \gamma\dfrac{\vec{c}}{2}$$

$(\alpha + \beta + \gamma = 1)$

となるので,

$$\overrightarrow{OQ} = \dfrac{2}{7}k\vec{a} + \dfrac{2}{7}k\vec{b} + \dfrac{3}{7}k\vec{c}$$
$$= \dfrac{2}{7}k\vec{a} + \dfrac{2}{7}k\vec{b} + \dfrac{6}{7}k\dfrac{\vec{c}}{2}$$

より, $\dfrac{2}{7}k + \dfrac{2}{7}k + \dfrac{6}{7}k = 1$ ∴ $k = \dfrac{7}{10}$

したがって, $\overrightarrow{OQ} = \dfrac{1}{5}\vec{a} + \dfrac{1}{5}\vec{b} + \dfrac{3}{10}\vec{c}$

数学B

(3) 点RはCQ上の点より, 実数 p を用いて,
$\overrightarrow{OR} = (1-p)\overrightarrow{OC} + p\overrightarrow{OQ}$ と表せるので, (恒等式)
$\overrightarrow{OR} = (1-p)\vec{c}$
$\quad + p\left(\dfrac{1}{5}\vec{a} + \dfrac{1}{5}\vec{b} + \dfrac{3}{10}\vec{c}\right)$
$\quad = \dfrac{1}{5}p\vec{a} + \dfrac{1}{5}p\vec{b} + \left(1 - \dfrac{7}{10}p\right)\vec{c}$

点Rは平面OAB上の点であるから, $1 - \dfrac{7}{10}p = 0$ 　$\vec{c}$の係数が0である.

$\therefore\ p = \dfrac{10}{7}$

したがって, $\overrightarrow{OR} = \dfrac{2}{7}\vec{a} + \dfrac{2}{7}\vec{b}$

7.12 空間のベクトルの内積

これも平面ベクトルと同様

no.149 内積の定義

$\vec{a} \neq \vec{0}$, $\vec{b} \neq \vec{0}$, $\vec{a}$ と $\vec{b}$ のなす角が θ のとき，

$$\vec{a} \cdot \vec{b} = |\vec{a}||\vec{b}|\cos\theta$$

$\vec{a} = \vec{0}$ または $\vec{b} = \vec{0}$ のとき，$\vec{a} \cdot \vec{b} = 0$ と定める.

no.150 大きさ

$$\vec{a} \cdot \vec{a} = |\vec{a}|^2$$

no.151 垂直になる条件

$\vec{a} \neq \vec{0}$, $\vec{b} \neq \vec{0}$ のとき，

$$\vec{a} \perp \vec{b} \Leftrightarrow \vec{a} \cdot \vec{b} = 0$$

no.152 内積の演算規則

(1) $\vec{a} \cdot \vec{b} = \vec{b} \cdot \vec{a}$

(2) $\left(\vec{a} + \vec{b}\right) \cdot \vec{c} = \vec{a} \cdot \vec{c} + \vec{b} \cdot \vec{c}$

(3) $(k\vec{a}) \cdot \vec{b} = \vec{a} \cdot \left(k\vec{b}\right) = k\left(\vec{a} \cdot \vec{b}\right)$ （ただし，k は実数）

数学 B

no.153 内積の成分表示

$\vec{a} = (a_1, a_2, a_3)$, $\vec{b} = (b_1, b_2, b_3)$ のとき,
$\vec{a} \cdot \vec{b} = a_1 b_1 + a_2 b_2 + a_3 b_3$ 　各座標の積和

no.154 2つのベクトルのなす角

$\vec{a} = (a_1, a_2, a_3)$, $\vec{b} = (b_1, b_2, b_3)$ のなす角を θ ($0 \leqq \theta \leqq \pi$) とすると,
$$\cos\theta = \frac{\vec{a}\cdot\vec{b}}{|\vec{a}||\vec{b}|} = \frac{a_1 b_1 + a_2 b_2 + a_3 b_3}{\sqrt{a_1^2 + a_2^2 + a_3^2}\sqrt{b_1^2 + b_2^2 + b_3^2}}$$

no.155 三角形の面積

△ABC の面積は,
$$S = \frac{1}{2}\sqrt{|\vec{a}|^2 |\vec{b}|^2 - (\vec{a}\cdot\vec{b})^2}$$

例題 1辺の長さが1の正四面体 ABCD において, 次の内積を求めよ.
(1) $\vec{AB} \cdot \vec{BD}$ 　(2) $\vec{AB} \cdot \vec{CD}$

解答

(1) $\vec{AB} \cdot \vec{BD} = 1 \cdot 1 \cdot \cos 120° = 1 \cdot \left(-\frac{1}{2}\right) = -\frac{1}{2}$

　$\vec{BA}$ と $\vec{BD}$ なら60°だけど
　$\vec{AB}$ と $\vec{BD}$ のなす角は 120°

(2) $\overrightarrow{AB} \cdot \overrightarrow{CD} = \overrightarrow{AB} \cdot \left(\overrightarrow{AD} - \overrightarrow{AC}\right)$
$= \overrightarrow{AB} \cdot \overrightarrow{AD} - \overrightarrow{AB} \cdot \overrightarrow{AC}$
$= 1 \cdot 1 \cdot \cos 60° - 1 \cdot 1 \cdot \cos 60°$
$= 0$

正四面体において、向い合う辺
(ABとCD, ACとBD …)
→垂直である.

例題 ベクトル $\vec{a} = (2, 1, -3)$, $\vec{b} = (1, 0, 2)$, $\vec{c} = \vec{a} + t\vec{c}$ について, 次の各問いを満たす t の値を求めよ.

(1) $|\vec{c}|$ が最小になる
(2) $\vec{c} \perp \vec{a}$ となる
(3) $\vec{c}$ が $\vec{a}$ と $\vec{b}$ の交角を 2 等分する

解答

(1) $\vec{c} = \begin{pmatrix} 2 \\ 1 \\ -3 \end{pmatrix} + t \begin{pmatrix} 1 \\ 0 \\ 2 \end{pmatrix} = \begin{pmatrix} 2+t \\ 1 \\ -3+2t \end{pmatrix}$ より,

$|\vec{c}| = \sqrt{(2+t)^2 + 1^2 + (-3+2t)^2}$
$= \sqrt{5t^2 - 8t + 14}$
$= \sqrt{5\left(t - \dfrac{4}{5}\right)^2 + \dfrac{54}{5}}$

したがって, $t = \dfrac{4}{5}$ のとき, 最小となる.

(2) $\vec{c} \cdot \vec{a} = 0$ より,

$\begin{pmatrix} 2+t \\ 1 \\ -3+2t \end{pmatrix} \cdot \begin{pmatrix} 2 \\ 1 \\ -3 \end{pmatrix} = 0$

$4 + 2t + 1 + 9 - 6t = 0$

$t = \dfrac{7}{2}$

(3) $|\vec{a}| = \sqrt{2^2 + 1^2 + (-3)^2} = \sqrt{14}$, $|\vec{b}| = \sqrt{1^2 + 2^2} = \sqrt{5}$

$\vec{x}$ が $\vec{a}$ と $\vec{b}$ の交角を2等分することより,k を実数として,

$$\vec{c} = k\left(\frac{\vec{a}}{\sqrt{14}} + \frac{\vec{b}}{\sqrt{5}}\right) \quad ─(※)$$

と表せる。ここで,条件より $\vec{c} = \vec{a} + t\vec{b}$ であるから,$k = \sqrt{14}$.

したがって,$\vec{c} = \sqrt{14}\left(\dfrac{\vec{a}}{\sqrt{14}} + \dfrac{\vec{b}}{\sqrt{5}}\right) = \vec{a} + \sqrt{\dfrac{14}{5}}\vec{b}$

よって,$t = \sqrt{\dfrac{14}{5}}$

例題 原点 O と 2 点 A(1, −2, 2),B(3, 4, 0) がある.
(1) $\overrightarrow{OA}$ と $\overrightarrow{OB}$ のなす角を θ とするとき,$\cos\theta$ の値を求めよ.
(2) △OAB の面積を求めよ.

解答

(1) $\cos\theta = \dfrac{\overrightarrow{OA} \cdot \overrightarrow{OB}}{|\overrightarrow{OA}||\overrightarrow{OB}|} = \dfrac{1 \cdot 3 + (-2) \cdot 4 + 2 \cdot 0}{\sqrt{1^2 + (-2)^2 + 2^2}\sqrt{3^2 + 4^2 + 0^2}} = -\dfrac{1}{3}$

(2) $\triangle OAB = \dfrac{1}{2}\sqrt{3^2 \cdot 5^2 - (-5)^2} = 5\sqrt{2}$

チャレンジ問題

3 点 A(1, 0, 0),B(0, 2, 0),C(0, 0, 3) を通る平面を S とする.三角形 ABC の重心を G とし,原点 O から平面 S に下ろした垂線の足を H とする.
(1) 点 G の座標を求めよ.
(2) $\overrightarrow{OH} = r\overrightarrow{OA} + s\overrightarrow{OB} + t\overrightarrow{OC}$ (r, s, t は実数)とおくとき,r,t をそれぞれ s を用いて表せ.
(3) 点 H の座標を求めよ.

解答

(1) $\overrightarrow{OG} = \dfrac{\overrightarrow{OA}+\overrightarrow{OB}+\overrightarrow{OC}}{3}$ より,

$$\overrightarrow{OG} = \frac{1}{3}\begin{pmatrix}1\\0\\0\end{pmatrix} + \frac{1}{3}\begin{pmatrix}0\\2\\0\end{pmatrix} + \frac{1}{3}\begin{pmatrix}0\\0\\3\end{pmatrix}$$

$$= \begin{pmatrix}\frac{1}{3}\\\frac{2}{3}\\1\end{pmatrix}$$

したがって, $G\left(\dfrac{1}{3},\ \dfrac{2}{3},\ 1\right)$

(2) $\overrightarrow{OH} = r\begin{pmatrix}1\\0\\0\end{pmatrix} + s\begin{pmatrix}0\\2\\0\end{pmatrix} + t\begin{pmatrix}0\\0\\3\end{pmatrix} = \begin{pmatrix}r\\2s\\3t\end{pmatrix}$

$\overrightarrow{OH} \perp \overrightarrow{AB}$ より,

$$\overrightarrow{OH} \cdot \overrightarrow{AB} = 0$$

$$\begin{pmatrix}r\\2s\\3t\end{pmatrix} \cdot \begin{pmatrix}-1\\2\\0\end{pmatrix} = 0$$

$$-r + 4s = 0$$

$$r = 4s$$

$\overrightarrow{OH} \perp \overrightarrow{BC}$ より,

$$\overrightarrow{OH} \cdot \overrightarrow{BC} = 0$$

$$\begin{pmatrix}r\\2s\\3t\end{pmatrix} \cdot \begin{pmatrix}0\\-2\\3\end{pmatrix} = 0$$

$$-4s + 9t = 0$$

$$t = \frac{4}{9}s$$

したがって, $r = 4s$, $t = \dfrac{4}{9}s$

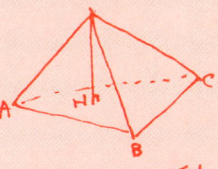

(3) (2) より，$\overrightarrow{\mathrm{OH}} = \left(4s,\ 2s,\ \dfrac{4}{3}s\right)$ となる．

$\overrightarrow{\mathrm{OH}} \perp \overrightarrow{\mathrm{AH}}$ より，
$$\overrightarrow{\mathrm{OH}} \cdot \overrightarrow{\mathrm{AH}} = 0$$
$$\begin{pmatrix} 4s \\ 2s \\ \frac{4}{3}s \end{pmatrix} \cdot \begin{pmatrix} 4s-1 \\ 2s \\ \frac{4}{3}s \end{pmatrix} = 0$$
$$16s^2 - 4s + 4s^2 + \dfrac{16}{9}s^2 = 0$$
$$196s^2 - 36s = 0$$
$$s(49s - 9) = 0$$
$$s = 0,\ \dfrac{9}{49}$$

$s \neq 0$ より，$s = \dfrac{9}{49}$

したがって，$\mathrm{H}\left(\dfrac{36}{49},\ \dfrac{18}{49},\ \dfrac{12}{49}\right)$

7.13 図形の方程式

no.156 直線の媒介変数表示

空間内の1点 $P_0(\vec{p_0})$ を通り，与えられたベクトル $\vec{d}$ に平行な直線の方程式は，t を実数として，

$$\vec{p} = \vec{p_0} + t\vec{d}$$

と表すことができる．

このとき，ベクトル $\vec{d}$ を方向ベクトル，実数 t を**媒介変数**という．

点 P_0 の座標を $(x_1,\ y_1,\ z_1)$，ベクトル $\vec{d} = (a,\ b,\ c)$ とすると，

$$\begin{cases} x = x_1 + ta \\ y = y_1 + tb \\ z = z_1 + tc \end{cases}$$

と表すことができる．

例題 次の直線の方程式を，媒介変数 t を用いて表せ．

(1) 点 $A(1,\ 1,\ -2)$ を通り，$\vec{d} = (1,\ 2,\ -3)$ を方向ベクトルにもつ直線

(2) 点 $B(-1,\ -2,\ 2)$ を通り，$\vec{d} = (0,\ 0,\ 2)$ を方向ベクトルにもつ直線

解答

(1) $\vec{p} = (x,\ y,\ z)$ とすると，

$$\begin{pmatrix} x \\ y \\ z \end{pmatrix} = \begin{pmatrix} 1 \\ 1 \\ -2 \end{pmatrix} + t \begin{pmatrix} 1 \\ 2 \\ -3 \end{pmatrix} = \begin{pmatrix} 1+t \\ 1+2t \\ -2-3t \end{pmatrix}$$

よって，求める方程式は，$\begin{cases} x = 1+t \\ y = 1+2t \\ z = -2-3t \end{cases}$

$\vec{p} = (x, y, z)$ とすると,
$$\begin{pmatrix} x \\ y \\ z \end{pmatrix} = \begin{pmatrix} -1 \\ -2 \\ 2 \end{pmatrix} + t \begin{pmatrix} 0 \\ 0 \\ 2 \end{pmatrix} = \begin{pmatrix} -1 \\ -2 \\ 2+2t \end{pmatrix}$$

よって, 求める方程式は, $\begin{cases} x = -1 \\ y = -2 \\ z = 2 + 2t \end{cases}$

例題 点 $A(1, -2, 4)$ を通り, 次の2直線の両方に垂直な直線の方程式を媒介変数 t を用いて表せ.

$$\ell : \begin{cases} x = -2t \\ y = -1 + t \\ z = 5 + t \end{cases} \qquad m : \begin{cases} x = 2 - t \\ y = -1 - 2t \\ z = 3 + 3t \end{cases}$$

解答 直線 ℓ の方向ベクトルを $\vec{a}$ とすると, $\vec{a} = (-2, 1, 1)$
直線 m の方向ベクトルを $\vec{b}$ とすると, $\vec{b} = (-1, -2, 3)$
求める直線の方向ベクトルを $\vec{d} = (r, s, t)$ とすると,

$$\vec{a} \cdot \vec{d} = 0$$
$$\begin{pmatrix} -2 \\ 1 \\ 1 \end{pmatrix} \cdot \begin{pmatrix} r \\ s \\ t \end{pmatrix} = 0$$
$-2r + s + t = 0$ …①

$$\vec{b} \cdot \vec{d} = 0$$
$$\begin{pmatrix} -1 \\ -2 \\ 3 \end{pmatrix} \cdot \begin{pmatrix} r \\ s \\ t \end{pmatrix} = 0$$
$-r - 2s + 3t = 0$ …②

① $\times 2 +$ ② より,
$-5r + 5t = 0 \quad \therefore \quad t = r$

①に代入して, $-2r + s + r = 0 \quad \therefore \quad s = r$

したがって, $r : s : t = 1 : 1 : 1$ より, $\vec{d}$ の方向ベクトルは, $(1, 1, 1)$ とおけるので, 求める直線の方程式は,

$$\begin{cases} x = 1+t \\ y = -2+t \\ z = 4+t \end{cases} \qquad \begin{pmatrix} x \\ y \\ z \end{pmatrix} = \begin{pmatrix} 1 \\ -2 \\ 4 \end{pmatrix} + t \begin{pmatrix} 1 \\ 1 \\ 1 \end{pmatrix}$$

no.157 球の方程式（1）

中心 $\mathrm{C}(\vec{c})$，半径 r の円
$$|\vec{p} - \vec{c}| = r \quad \cdots ①$$
原点が中心，半径 r の円 $\quad |\vec{p}| = r$

①の両辺を 2 乗すると，
$$(\vec{p} - \vec{c}) \cdot (\vec{p} - \vec{c}) = r^2$$
と表せる．ここで，$\vec{p} = (x, y, z)$，$\vec{c} = (x_0, y_0, z_0)$ とすると，
$$(\vec{p} - \vec{c}) \cdot (\vec{p} - \vec{c}) = r^2$$
$$\Leftrightarrow (x - x_0)^2 + (y - y_0)^2 + (z - z_0)^2 = r^2$$
となる．

例題 次の条件を満たす球の方程式を求めよ．
(1) 点 $\mathrm{A}(4, 1, 2)$ を中心とし，原点 O を通る球．
(2) 2 点 $(5, -1, 3)$，$(1, 3, 1)$ を直径の両端とする球．

解答
(1) $\mathrm{OA} = \sqrt{4^2 + 1^2 + 2^2} = \sqrt{21}$

したがって，求める方程式は，
$$(x-4)^2 + (y-1)^2 + (z-2)^2 = 21$$

(2) 2 点の中点を求めると，$\left(\dfrac{5+1}{2}, \dfrac{-1+3}{2}, \dfrac{3+1}{2} \right) \Leftrightarrow (3, 1, 2)$

したがって，半径は，$\sqrt{(5-3)^2 + (1+1)^2 + (2-3)^2} = 3$

よって，求める方程式は，
$$(x-3)^2 + (y-1)^2 + (z-2)^2 = 9$$

チャレンジ問題

座標空間において，N$(0, 0, 2)$，P$(a, b, 0)$を通る直線をℓとし，方程式$x^2+y^2+(z-1)^2=1$で表される球面をSとする．ℓとSの交点のうち，Nと異なる点を求めよ．

解答

直線ℓの方向ベクトルは，$(a, b, -2)$となるので，直線ℓは媒介変数tを用いて，

$$\begin{cases} x = 0 + at \\ y = 0 + bt \\ z = 2 - 2t \end{cases} \Leftrightarrow \begin{cases} x = at \\ y = bt \\ z = 2 - 2t \end{cases}$$

と表すことができる．これをSの方程式に代入して，

$$a^2t^2 + b^2t^2 + (1-2t)^2 = 1$$
$$(a^2 + b^2 + 4)t^2 - 4t = 0$$
$$t\{(a^2 + b^2 + 4)t - 4\} = 0$$
$$t = 0, \ \frac{4}{a^2+b^2+4}$$

$t=0$のときNを表しているので，Nと異なる点の座標は

$$\left(\frac{4a}{a^2+b^2+4}, \ \frac{4b}{a^2+b^2+4}, \ \frac{a^2+b^2}{a^2+b^2+4} \right)$$

---

no. 158　球の方程式 (2)

2点A$(\vec{a})$，B$(\vec{b})$を直径の両端とする円の方程式は，

$$(\vec{p} - \vec{a}) \cdot (\vec{p} - \vec{b}) = 0$$

7.13 図形の方程式

例題 2点 A(1, 2, 3), B(−3, −2, −1)を結ぶ線分 AB を直径とする球の方程式を求めよ.

解答

$\vec{p} = (x, y, z)$とすると,

$$\begin{pmatrix} x-1 \\ y-2 \\ z-3 \end{pmatrix} \cdot \begin{pmatrix} x+3 \\ y+2 \\ z+1 \end{pmatrix} = 0$$

$$(x-1)(x+3) + (y-2)(y+2) + (z-3)(z+1) = 0$$

$$x^2 + 2x - 3 + y^2 - 4 + z^2 - 2z - 3 = 0$$

$$(x+1)^2 + y^2 + (z-1)^2 = 12$$

※前問の例題(2)もこのように解ける

$\vec{p} = (x, y, z)$

$\begin{pmatrix} x-5 \\ y+1 \\ z-3 \end{pmatrix} \cdot \begin{pmatrix} x-1 \\ y-3 \\ z-1 \end{pmatrix} = 0 \Leftrightarrow (x-5)(x-1)+(y+1)(y-3)+(z-3)(z-1)=0$

$\Leftrightarrow (x-3)^2 + (y-1)^2 + (z-2)^2 = 9$

7.14 平面の方程式

no.159 平面の方程式 (1)

点 $P_0(x_0, y_0, z_0)$ を通り,
- x 軸に垂直な平面の方程式は, $x = x_0$
- y 軸に垂直な平面の方程式は, $y = y_0$
- z 軸に垂直な平面の方程式は, $z = z_0$

no.160 平面の方程式 (2)

点 $P_0(x_0, y_0, z_0)$ を通り, $\vec{n} = (a, b, c)$ に垂直な平面の方程式は,
$$a(x - x_0) + b(y - y_0) + c(z - z_0) = 0$$
となる.

このとき, $\vec{n}$ をこの平面の**法線ベクトル**という.

例題 点 $A(1, 2, 3)$ を通る平面で, 次の条件を満たすものの方程式を求めよ.

(1) z 軸に垂直である.
(2) 点 $B(2, 0, 1)$ を通り z 軸に平行なもの.
(3) $4x - 3y + z + 1 = 0$ に平行なもの.

解答

(1) z 軸上の単位ベクトル $\vec{e_3} = (0, 0, 1)$ に垂直であるから,
$$0(x - 1) + 0(y - 2) + 1(z - 3) = 0$$
$$z = 3$$

(2) 求める平面の法線ベクトルを $\vec{n} = (a, b, c)$ とおくと，$\vec{e} = (0, 0, 1)$ に垂直であるから，

$$\begin{pmatrix} a \\ b \\ c \end{pmatrix} \cdot \begin{pmatrix} 0 \\ 0 \\ 1 \end{pmatrix} = 0 \quad \text{平面とz軸が平行} \Leftrightarrow \text{法線ベクトルとz軸が垂直}$$

$$c = 0$$

したがって，この平面は $a(x-1) + b(y-2) = 0$ …① とおける．
点 $(2, 0, 1)$ を通ることより，

$$a(2-1) + b(0-2) = 0$$
$$a = 2b$$

①に代入して，

$$2b(x-1) + b(y-2) = 0$$
$$b(2x + y - 4) = 0$$

$\begin{pmatrix} a \\ b \end{pmatrix} \neq \begin{pmatrix} 0 \\ 0 \end{pmatrix}$ であるから，$b \neq 0$

したがって，求める平面の方程式は，$2x + y - 4 = 0$

(3) 求める平面の法線ベクトルは，与えられた平面の法線ベクトル $\vec{n} = (4, -3, 1)$ に等しいので，求める平面の方程式は，

$$4(x-1) - 3(y-2) + 1(z-3) = 0$$
$$4x - 3y + z - 1 = 0$$

例題 3点 P$(1, 1, 1)$, Q$(-2, 3, 1)$, R$(4, 0, -2)$ を通る平面の方程式を求めよ．

解答

← 平面の方程式の一般形

求める平面の方程式を $ax + by + cz + d = 0$ とすると，3点 P, Q, R を通ることより，

$$\begin{cases} a + b + c + d = 0 & \cdots ① \\ -2a + 3b + c + d = 0 & \cdots ② \\ 4a - 2c + d = 0 & \cdots ③ \end{cases}$$

253

数学B

①－②より，$3a - 2b = 0$　　$\therefore\ b = \dfrac{3}{2}a$

③－②より，$6a - 3b - 3c = 0$ より，$2a - b - c = 0$

$b = \dfrac{3}{2}a$ を代入して，$2a - \dfrac{3}{2}a - c = 0$　　$\therefore\ c = \dfrac{1}{2}a$

これを①に代入して，$a + \dfrac{3}{2}a + \dfrac{1}{2}a + d = 0$　　$\therefore\ d = -3a$

したがって，

$$ax + \dfrac{3}{2}ay + \dfrac{1}{2}az - 3a = 0$$

$$a(2x + 3y + z - 6) = 0$$

$a \neq 0$ より，$2x + 3y + z - 6 = 0$

数学B

第8章 | 確率分布と統計的な推測

数学B

8.1 確率分布

no.161 確率変数

試行の結果に応じて変数 X が $x_1, x_2, \cdots, x_n$ のいずれかの値を取るものとする．そのそれぞれの値をとる確率が $p_1, p_2, \cdots, p_n$ が定まっているとき，X は**確率変数**であるという．

no.162 確率分布

確率変数 X のとる値 x_i とその値をとる確率 p_i との対応関係を X の**確率分布**という．確率分布は次のような表を用いて表されることが多い．

X の値 x_i	x_1	x_2	$\cdots$	x_n	計
$P(X=x_i)$	p_1	p_2	$\cdots$	p_n	1

例題 2つのさいころを同時に投げるとき，出る目の小さくない方を X とする．

(1) X の確率分布を求めよ．
(2) 確率 $P(2 \leqq X \leqq 4)$ を求めよ．

解答

(1) 2つのさいころを同時に投げるときの根元事象は36あって，それぞれの確率は $\dfrac{1}{36}$ である．
ここで，X のとり得る値は，1, 2, 3, 4, 5, 6 であるから，右の表より，X の確率分布は次のようになる．

	1	2	3	4	5	6
1	1	2	3	4	5	6
2	2	2	3	4	5	6
3	3	3	3	4	5	6
4	4	4	4	4	5	6
5	5	5	5	5	5	6
6	6	6	6	6	6	6

X	1	2	3	4	5	6	計
P	$\frac{1}{36}$	$\frac{1}{12}$	$\frac{5}{36}$	$\frac{7}{36}$	$\frac{1}{4}$	$\frac{11}{36}$	1

(2) $P(2 \leqq X \leqq 4) = P(X=2) + P(X=3) + P(X=4)$

$$= \frac{1}{12} + \frac{5}{36} + \frac{7}{36}$$

$$= \frac{5}{12}$$

no. 163 平均（期待値）

ある試行を行ったとき，その結果として得られる数値の平均値のことを**平均**（または**期待値**）といい $E(X)$ で表す．

つまり，確率変数 X の分布が下図のように与えられているとき，平均 $E(X)$ は

X の値 x_i	x_1	x_2	$\cdots$	x_n	計
$P(X=x_i)$	p_1	p_2	$\cdots$	p_n	1

$$E(X) = \sum_{i=1}^{n} x_i p_i = x_1 p_1 + x_2 p_2 + \cdots + x_n p_n$$

となる．

例題 さいころを投げる試行を何回か繰り返して，出た目の和が3以上になったら試行を終了するものとする．さいころを投げる回数を X とするとき，X の期待値を求めよ．

解答

(i) $X=1$ のとき

3以上の目が出る場合であるから，$P(X=1) = \frac{4}{6} = \frac{2}{3}$

(ii) $X=2$ のとき

1回目に1が出て，2回目に2以上の目が出る場合が，$\frac{1}{6} \times \frac{5}{6} = \frac{5}{36}$

数学B

1回目に2が出て、2回目は1以上の目が出る場合が、$\frac{1}{6} \times \frac{6}{6} = \frac{1}{6}$

したがって、
$$P(X=2) = \frac{5}{36} + \frac{1}{6} = \frac{11}{36}$$

(iii) $X=3$ のとき

1回目, 2回目に1が出て、3回目は1以上の目が出る場合で、
$$\frac{1}{6} \times \frac{1}{6} \times \frac{6}{6} = \frac{1}{36}$$

以上より、確率分布は、右の表のようになるので、求める期待値 $E(X)$ は、

X	1	2	3
P	$\frac{2}{3}$	$\frac{11}{36}$	$\frac{1}{36}$

$$E(X) = 1 \times \frac{2}{3} + 2 \times \frac{11}{36} + 3 \times \frac{1}{36} = \frac{49}{36}$$

チャレンジ問題

1から10までの数を1枚ずつ記入したカードが合計10枚ある。これらから同時に3枚のカードを取り出し、そのうちの最大の数を k とする。このとき、次の問いに答えよ。

(1) $k=5$ となる確率を求めよ。

(2) k の期待値を求めよ。

解答

(1) $k=5$ となるとき、3枚のカードのうち1枚は5, 残り2枚は4以下のカードであればよいので、
$$\frac{1 \times {}_4\mathrm{C}_2}{{}_{10}\mathrm{C}_3} = \frac{1}{20}$$

(2) $k=r$ となるとき、3枚のカードのうち1枚は r, 残り2枚は $(r-1)$ 以下のカードであればよいので、その確率は、
$$\frac{1 \times {}_{r-1}\mathrm{C}_2}{{}_{10}\mathrm{C}_3}$$

となる。したがって、求める期待値は、

8.1 確率分布

$$\sum_{r=3}^{10} r \cdot \frac{{}_{r-1}C_2}{{}_{10}C_3} = \frac{1}{{}_{10}C_3} \sum_{r=3}^{10} r \cdot {}_{r-1}C_2$$

$$= \frac{1}{120} \sum_{r=3}^{10} r \cdot \frac{(r-1)(r-2)}{2 \times 1}$$

$$= \frac{1}{240} \sum_{r=3}^{10} r(r-1)(r-2)$$

$$= \frac{1}{240} \cdot \frac{1}{4} \cdot 11 \cdot 10 \cdot 9 \cdot 8$$

$$= \frac{33}{4}$$

(6-9 累乗の和の例題参照) ※

※ きれいな形をしているので頭に入れておくと便利

- 2連続数の積の和

$$\sum_{k=1}^{n} k(k+1) = \frac{1}{3} n(n+1)(n+2)$$

- 3連続数の積の和

$$\sum_{k=1}^{n} k(k+1)(k+2) = \frac{1}{4} n(n+1)(n+2)$$

この問題では

$$\sum_{r=3}^{10} r(r-1)(r-2) = 3 \cdot 2 \cdot 1 + 4 \cdot 3 \cdot 2 + \cdots + 10 \cdot 9 \cdot 8$$

$$= 1 \cdot 2 \cdot 3 + 2 \cdot 3 \cdot 4 + \cdots + 8 \cdot 9 \cdot 10$$

$$= \sum_{k=1}^{8} k(k+1)(k+2)$$

$$= \frac{1}{4} \cdot 8 \cdot 9 \cdot 10 \cdot 11$$

数学B

8.2 確率分布の分散と標準偏差

no.164 確率変数の分散と標準偏差

確率変数 X の分布が下図のように与えられているとき，平均 $E(X)$ を m とする．このとき，$(X-m)^2$ の平均を X の**分散**といい $V(X)$ で表す．

また，分散 $V(X)$ の正の平方根を X の**標準偏差**といい $\sigma(X)$ で表す．

$$V(X) = \sum_{i=1}^{n}(x_i - m)^2 p_i$$

$$\sigma(X) = \sqrt{V(X)}$$

X の値 x_i	x_1	x_2	$\cdots$	x_n	計
$P(X = x_i)$	p_1	p_2	$\cdots$	p_n	1

※実際に分散と標準偏差を計算するときは，次の式を使う．

$$V(X) = E(X^2) - \{E(X)\}^2$$

$$\sigma(X) = \sqrt{E(X^2) - \{E(X)\}^2}$$

例題 箱の中に 1 を記入したカードが 1 枚，2 を記入したカードが 2 枚，3 を記入したカードが 3 枚，合計 6 枚のカードが入っている．この箱の中から 3 枚のカードを同時に取り出すとき，それぞれのカードに記入されている数字の和を X とする．

(1) $X = 7$ となる確率を求めよ．
(2) X の確率分布を求めよ．
(3) X の期待値 $E(X)$ を求めよ．
(4) X の分散 $V(X)$ を求めよ．

8.2 確率分布の分散と標準偏差

解答

(1) $X = 7$ となる取り出し方は，$(1, 3, 3)$，$(2, 2, 3)$ であるから，

$$\frac{{}_1C_1 \cdot {}_3C_2}{{}_6C_3} + \frac{{}_2C_2 \cdot {}_3C_1}{{}_6C_3} = \frac{3}{10}$$

(2) すべての取り出し方を表にすると，

3枚のカード	場合の数	X の値
1, 2, 2	1	5
1, 2, 3	6	6
1, 3, 3	3	7
2, 2, 3	3	7
2, 3, 3	6	8
3, 3, 3	1	9

となるので，X の確率分布は，次のようになる．

X	5	6	7	8	9	計
P	$\frac{1}{20}$	$\frac{3}{10}$	$\frac{3}{10}$	$\frac{3}{10}$	$\frac{1}{20}$	1

(3) $E(X) = 5 \cdot \frac{1}{20} + 6 \cdot \frac{3}{10} + 7 \cdot \frac{3}{10} + 8 \cdot \frac{3}{10} + 9 \cdot \frac{1}{20} = 7$

(4) $E(X^2)$ を求めると，

$$E(X^2) = 25 \cdot \frac{1}{20} + 36 \cdot \frac{3}{10} + 49 \cdot \frac{3}{10} + 64 \cdot \frac{3}{10} + 81 \cdot \frac{1}{20}$$

$$= \frac{1000}{20}$$

$$= 50$$

$E(X) = 7$ より，$\{E(X)\}^2 = 7^2 = 49$
したがって，

$$V(X) = 50 - 49 = 1 \quad \Leftarrow V(X) = E(X^2) - \{E(X)\}^2$$

※ $V(X) = \sum_{i=1}^{n}(x_i - m)^2 p_i$ を用いると，次のようになる．

$$V(X) = (5-7)^2 \cdot \frac{1}{20} + (6-7)^2 \cdot \frac{3}{10} + (7-7)^2 \cdot \frac{3}{10}$$

$$+ (8-7)^2 \cdot \frac{3}{10} + (9-7)^2 \cdot \frac{1}{20}$$

$$= \frac{1}{20}(4+6+0+6+4)$$
$$= 1$$

no.165 $aX+b$ の平均・分散・標準偏差

X が確率変数のとき，$aX+b$ も確率変数となる．このときの**期待値・分散・標準偏差**は，

$E(aX+b) = aE(X) + b$

$V(aX+b) = a^2 V(X)$ 　　a^2 となるところに注意！

$\sigma(aX+b) = |a|\sigma(X)$

となる．

例題 赤球3個，白球4個が入っている袋がある．この中から3個の球を同時に取り出すとき，赤球の個数を X とする．

(1) 確率変数 X の平均，分散，標準偏差を求めよ．
(2) 確率変数 $3X+4$ の平均，分散，標準偏差を求めよ．

解答

(1) X のとり得る値は，0，1，2，3 であり，それぞれの起こる確率は，

$$P(X=0) = \frac{{}_4C_3}{{}_7C_3} = \frac{4}{35}$$

$$P(X=1) = \frac{{}_3C_1 \cdot {}_4C_2}{{}_7C_3} = \frac{18}{35}$$

$$P(X=2) = \frac{{}_3C_2 \cdot {}_4C_1}{{}_7C_3} = \frac{12}{35}$$

$$P(X=3) = \frac{{}_3C_3}{{}_7C_3} = \frac{1}{35}$$

したがって，確率分布は下の表のようになる．

X	0	1	2	3	計
P	$\frac{4}{35}$	$\frac{18}{35}$	$\frac{12}{35}$	$\frac{1}{35}$	1

よって，平均 $E(X)$ は，
$$E(X) = 0 \cdot \frac{4}{35} + 1 \cdot \frac{18}{35} + 2 \cdot \frac{12}{35} + 3 \cdot \frac{1}{35} = \frac{9}{7}$$

また，
$$E(X^2) = 0^2 \cdot \frac{4}{35} + 1^2 \cdot \frac{18}{35} + 2^2 \cdot \frac{12}{35} + 3^2 \cdot \frac{1}{35} = \frac{15}{7}$$

以上より，X の分散 $V(X)$ と標準偏差 $\sigma(X)$ は，
$$V(X) = \frac{15}{7} - \left(\frac{9}{7}\right)^2 = \frac{24}{49}$$
$$\sigma(X) = \sqrt{\frac{24}{49}} = \frac{2\sqrt{6}}{7}$$

(2) $E(3X+4) = 3E(X) + 4 = \frac{27}{7} + 4 = \frac{55}{7}$

$V(3X+4) = 3^2 V(X) = 9 \cdot \frac{24}{49} = \frac{216}{49}$

$\sigma(3X+4) = 3\sigma(X) = 3 \cdot \frac{2\sqrt{6}}{7} = \frac{6\sqrt{6}}{7}$

no.166 確率変数の和と積

2つの確率変数 X, Y が独立であるとき，$X+Y$ の期待値・分散，XY の期待値は，
$$E(X+Y) = E(X) + E(Y)$$
$$V(X+Y) = V(X) + V(Y)$$
$$E(XY) = E(X) E(Y)$$
となる．一般に，a, b を定数とするとき，
$$E(aX+bY) = aE(X) + bE(Y)$$
$$V(aX+bY) = a^2 V(X) + b^2 V(Y)$$

数学B

例題 2から6までの数字が書かれた5枚のカードの中から1枚取り出し，その数字をXとする．取り出したカードを戻し，再び5枚のカードの中から1枚取り出し，その数字をYとする．Xを十の位の数，Yを一の位の数として得られる数をTとする．Tの平均$E(T)$と分散$V(T)$を求めよ．

解答

$T = 10X + Y$ より，

$$E(T) = E(10X + Y)$$
$$= 10E(X) + E(Y)$$

ここで，

$$E(X) = E(Y) = \frac{1}{5}(2+3+4+5+6) = 4$$

であるから，

$$E(T) = 10 \times 4 + 4 = 44$$

X, Yは独立であるから，

$$V(T) = V(10X + Y)$$
$$= V(10X) + V(Y)$$
$$= 10^2 V(X) + V(Y)$$

ここで，

$$V(X) = V(Y) = \frac{1}{5}(2^2 + 3^2 + 4^2 + 5^2 + 6^2) - 4^2 = 18 - 16 = 2$$

であるから，

$$V(T) = 10^2 \times 2 + 2 = 202$$

2桁の整数 22, 23, ……, 26, 32, ……, 42, ……, 52, ……, 62, …… 66
それぞれの出る確率が $\frac{1}{25}$ としてやっても解けるが，
$E(T) = 10E(X) + E(Y)$ とした方がかなり簡便に解ける．

8.3 二項分布

no. 167 二項分布

ある試行で事象 A が起こる確率を p，起こらない確率を q とする．この試行を n 回繰り返す反復試行において，事象 A が起こる回数を X とすると，X は確率変数となる．

このとき，$X = r$ となる確率は，
$$P(X = r) = {}_nC_r p^r q^{n-r} \quad (r = 0, 1, 2, \cdots, n)$$
である．X の確率分布は，

X	0	1	$\cdots$	r	$\cdots$	n	計
P	${}_nC_0 q^n$	${}_nC_1 p q^{n-1}$	$\cdots$	${}_nC_r p^r q^{n-r}$	$\cdots$	${}_nC_n p^n$	1

のようになる．この確率分布を確率 p に対する次数 n の**二項分布**といい，$B(n, p)$ で表す． (Bは Binominal Distribution の B)

例題 次の確率変数 X のうち，その分布が二項分布であるものはどれか．また，二項分布であるものについては，$B(n, p)$ の形で表せ．

(1) 白球 5 個，赤球 6 個が入った袋がある．この袋の中から 1 個取り出して色を調べる．調べた球はもとに戻す．この試行を続けて 5 回行うとき，白球が出る回数 X．

(2) (1) で，取り出した球を戻さず，続けて 5 回行うとき，白球が出る回数 X．

(3) 10 円玉を 50 回投げたとき，表が出る回数 X．

数学B

解答

(1) 1回の試行で白球が出る確率が $\frac{5}{11}$, 赤球が出る確率が $\frac{6}{11}$ である. よって, 5回の試行で白球が r 個出る確率は,

$$P(X=r) = {}_5C_r \cdot \left(\frac{5}{11}\right)^r \cdot \left(\frac{6}{11}\right)^{5-r}$$

と表せる. したがって, X は二項分布 $B\left(5, \frac{5}{11}\right)$ に従う.

(2) 各回の試行で白球が出る確率は異なるので, X の確率分布は二項分布ではない.

(3) 1回の試行で表が出る確率が $\frac{1}{2}$, 裏が出る確率が $\frac{1}{2}$ である. よって, 50回の試行で表が r 回出る確率は,

$$P(X=r) = {}_{50}C_r \cdot \left(\frac{1}{2}\right)^r \cdot \left(\frac{1}{2}\right)^{50-r}$$

と表せる. したがって, X は二項分布 $\left(50, \frac{1}{2}\right)$ に従う.

no.168 二項分布の平均と標準偏差

確率分布 X が二項分布 $B(n, p)$ にしたがうとき,
$E(X) = np$
$\sigma(X) = \sqrt{npq}$ $(q = 1-p)$

例題 1つのさいころを次の回数だけ投げるとき, 1の目が出る回数 X の平均と標準偏差を求めよ.

(1) 100回　　(2) 2000回　　(3) 5000回

解答

(1) 二項分布 $B\left(100, \dfrac{1}{6}\right)$ に従うので,

$$E(X) = 100 \cdot \dfrac{1}{6} = \dfrac{50}{3}$$

$$\sigma(X) = \sqrt{100 \cdot \dfrac{1}{6} \cdot \left(1 - \dfrac{5}{6}\right)} = \dfrac{5\sqrt{5}}{3}$$

(2) 二項分布 $B\left(2000, \dfrac{1}{6}\right)$ に従うので,

$$E(X) = 2000 \cdot \dfrac{1}{6} = \dfrac{1000}{3}$$

$$\sigma(X) = \sqrt{2000 \cdot \dfrac{1}{6} \cdot \left(1 - \dfrac{1}{6}\right)} = \dfrac{50}{3}$$

(3) 二項分布 $B\left(5000, \dfrac{1}{6}\right)$ に従うので,

$$E(X) = 5000 \cdot \dfrac{1}{6} = \dfrac{2500}{3}$$

$$V(X) = \sqrt{5000 \cdot \dfrac{1}{6} \cdot \left(1 - \dfrac{1}{6}\right)} = \dfrac{25\sqrt{10}}{3}$$

8.4 連続的な確率変数

no.169 連続的な確率変数

ある区間に属するすべての実数値をとり得る確率変数を<u>連続的な確率変数</u>という. （前出の二項分布は離散型分布）　←速度とか気温など

連続的な確率変数 X において，$a \leqq X \leqq b$ となる確率が，

$$P(a \leqq X \leqq b) = \int_a^b f(x)\,dx$$

で表されるとき，関数 $f(x)$ を X の<u>確率密度関数</u>という．

関数 $f(x)$ を X の<u>分布曲線</u>といい，x の変域が $\alpha \leqq x \leqq \beta$ であるとき，

$$\begin{cases} f(x) \geqq 0 \\ \displaystyle\int_\alpha^\beta f(x)\,dx = 1 \end{cases}$$

が成り立つ．

例題 連続的な確率変数 X の確率密度関数 $f(x)$ が

$$f(x) = ax(1-x) \quad (0 \leqq x \leqq 1)$$

で与えられるとき，

(1) 定数 a を求めよ．

(2) 確率 $P\left(X \leqq \dfrac{1}{3}\right)$ を求めよ．

解答

(1) $\displaystyle\int_0^1 ax(1-x)\,dx = 1$

$$a \int_0^1 \left(-x^2 + x\right) dx = 1$$

$$a \left[-\frac{x^3}{3} + \frac{x^2}{2}\right]_0^1 = 1$$

$$\frac{a}{6} = 1$$

$$a = 6$$

(2) $P\left(X \leqq \frac{1}{3}\right) = \int_0^{\frac{1}{3}} 6x\left(1 - x\right) dx$

$\qquad\qquad\quad = \left[-2x^3 + 3x^2\right]_0^{\frac{1}{3}}$

$\qquad\qquad\quad = -\frac{2}{27} + \frac{1}{3}$

$\qquad\qquad\quad = \frac{7}{27}$

no.170 連続的な確率変数の平均・分散・標準偏差

変域が $a \leqq X \leqq b$ である連続的な確率変数 X の密度関数が $f(x)$ $(a \leqq x \leqq b)$ ならば，

平均 $\quad E(X) = m = \int_a^b x f(x) dx$

分散 $\quad V(X) = \int_a^b (x - m)^2 f(x) dx$

標準偏差 $\quad \sigma(X) = \sqrt{V(X)}$

となる．

例題 前の【例題】において，次のものを求めよ．

(1) 平均 $E(X)$
(2) 分散 $V(X)$
(3) 標準偏差 $\sigma(X)$

数学 B

解答

(1) $E(X) = \int_0^1 x \cdot 6x(1-x)\,dx = \left[-\dfrac{3}{2}x^4 + 2x^3\right]_0^1$

$= -\dfrac{3}{2} + 2$

$= \dfrac{1}{2}$

(2) $V(X) = \int_0^1 \left(x - \dfrac{1}{2}\right)^2 \cdot 6x(1-x)\,dx$

$= \int_0^1 \left(-6x^4 + 12x^3 - \dfrac{15}{2}x^2 + \dfrac{3}{2}x\right)dx$

$= \left[-\dfrac{6}{5}x^5 + 3x^4 - \dfrac{5}{2}x^3 + \dfrac{3}{4}x^2\right]_0^1$

$= -\dfrac{6}{5} + 3 - \dfrac{5}{2} + \dfrac{3}{4}$

$= \dfrac{1}{20}$

(3) $\sigma(X) = \sqrt{V(X)} = \sqrt{\dfrac{1}{20}} = \dfrac{1}{2\sqrt{5}}$

8.5 正規分布

no.171 正規分布

次数全体を変域とする連続的な確率変数 X の密度関数 $f(x)$

$$f(x) = \frac{1}{\sqrt{2\pi}\sigma} e^{-\frac{(x-m)^2}{2\sigma^2}}$$

で与えられているとき，X の確率分布を**正規分布**といい，$N(m, \sigma^2)$ で表す． *(NはNormal DistributionのN)*

ただし，m は定数，σ は正の定数で，e は自然対数の底である．

no.172 正規分布の平均・標準偏差

X が正規分布 $N(m, \sigma^2)$ にしたがう確率変数であるとき，

平均　　$E(X) = m$

標準偏差　$\sigma(X) = \sigma$

また，

$P(m - \sigma \leqq X \leqq m + \sigma) = 0.6827$
$P(m - 2\sigma \leqq X \leqq m + 2\sigma) = 0.9545$
$P(m - 3\sigma \leqq X \leqq m + 3\sigma) = 0.9973$

である．

例題 確率変数 X が正規分布 $N(30, 7^2)$ に従うとき，次の確率を求めよ．

(1) $P(16 \leqq X \leqq 44)$ 　(2) $P(X \leqq 23)$

解答

(1) $P(16 \leqq X \leqq 44) = P(m - 2\sigma \leqq X \leqq m + 2\sigma)$
$\qquad\qquad\qquad\qquad\quad = 0.9545$

(2) $P(X \leqq 23) = P(X \leqq m - \sigma)$
$= \dfrac{1 - 0.6827}{2}$
$= 0.1587$

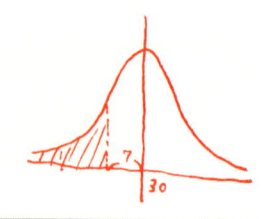

no.173 標準正規分布

正規分布 $N(0, 1)$ を**標準正規分布**という．この場合の確率密度関数を $\varphi(x)$ とすると，
$$\varphi(x) = \dfrac{1}{\sqrt{2\pi}} e^{-\frac{x^2}{2}}$$
となる．

no.174 正規分布の標準化

確率変数が $N(m, \sigma^2)$ にしたがうとき，
$$Z = \dfrac{X - m}{\sigma}$$
とすると，Z は標準正規分布 $N(0, 1)$ にしたがう．

確率変数を標準化することで，<u>正規分布表を用いて確率を求めることができる</u>．

例題 確率変数 X が正規分布 $N(20, 5^2)$ に従うとき，巻末の正規分布表を用いて次の確率を求めよ．

(1) $P(25 \leqq X \leqq 30)$ (2) $P(10 \leqq X \leqq 20)$ (3) $P(X \geqq 32)$

解答

X が $N(20, 5^2)$ に従うとき，
$$Z = \dfrac{X - 20}{5} \cdots ①$$
とおくと，Z は $N(0, 1)$ に従う．

(1) $X=25$, 30 を①に代入して, $Z=1$, 2. したがって,
$$P(25 \leqq X \leqq 30) = P(1 \leqq Z \leqq 2)$$
$$= p(2) - p(1)$$
$$= 0.4772 - 0.3413$$
$$= 0.1359$$

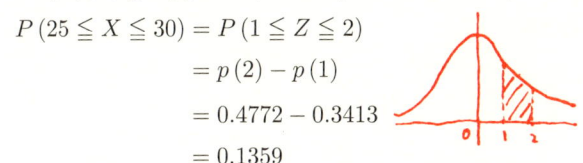

(2) $X=10$, 20 を①に代入して, $Z=-1$, 0. したがって,
$$P(10 \leqq X \leqq 20) = P(-1 \leqq Z \leqq 0)$$
$$= p(1)$$
$$= 0.3413$$

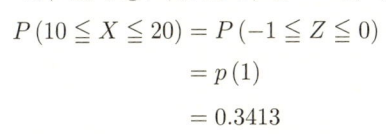

(3) $X=32$ を①に代入して, $Z=2.4$. したがって,
$$P(X \geqq 32) = P(Z \geqq 2.4)$$
$$= P(Z \geqq 0) - P(0 \leqq Z \leqq 2.4)$$
$$= 0.5 - 0.4918$$
$$= 0.0082$$

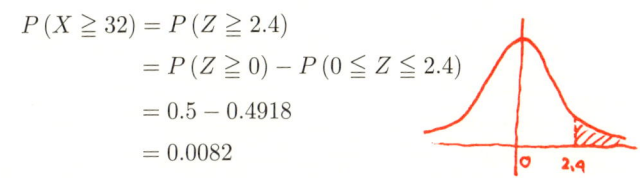

no.175 二項分布の正規分布による近似

二項分布 $B(n, p)$ にしたがう確率変数を X とすると, n が十分に大きいとき,

$$Z = \frac{X - np}{\sqrt{npq}} \quad (q = 1 - p)$$

は標準正規分布 $N(0, 1)$ にしたがうとみなしてよい.

例題 さいころを 600 回投げるとき, 2 の目が 90 回以上出る確率を求めよ. ただし, $\sqrt{30} = 5.48$ とする.

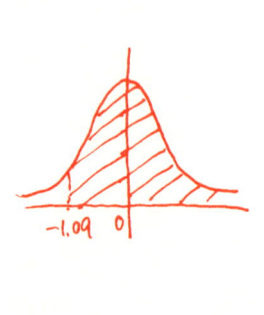

数学 B

解答

この確率は，

$$_{600}C_{90}\left(\frac{1}{6}\right)^{90} \cdot \left(\frac{5}{6}\right)^{510}$$

となり，二項分布 $B\left(600,\ \dfrac{1}{6}\right)$ に従う．この分布の平均 $E(X)$，標準偏差 $\sigma(X)$ を求めると，

$$E(X) = 600 \cdot \frac{1}{6} = 100$$

$$\sigma(X) = \sqrt{600 \cdot \frac{1}{6} \cdot \frac{5}{6}} = \frac{5\sqrt{30}}{3}$$

ここで，試行の回数が n が 600 回と十分に大きいので，標準正規分布にしたがうとみてよい．

$$Z = \frac{X - 100}{\frac{5\sqrt{30}}{3}} = \frac{3X - 300}{5\sqrt{30}}$$

とすると，Z は $N(0,\ 1)$ に従うので，

$$\begin{aligned}
P(X \geqq 90) &= P\left(Z \geqq \frac{3 \cdot 90 - 300}{5\sqrt{30}}\right) \\
&= P\left(Z \geqq -\frac{6}{\sqrt{30}}\right) \\
&\fallingdotseq P(Z \geqq -1.09) \\
&= P(-1.09 \leqq Z \leqq 0) + 0.5 \\
&= p(1.09) + 0.5 \\
&= 0.3621 + 0.5 \\
&= 0.8621
\end{aligned}$$

8.6 母集団と標本

no.176 母集団と標本

統計調査の種類

全数調査：調査の対象となる集団について、その要素すべてを調べる方法.

標本調査：集団の全体を調べるかわりに、その一部を選んで調査し、その結果をもとに全体を推測する方法.

母集団と標本

母集団：調査の対象となるものすべて.

標本　：標本調査のために母集団から選ばれた一部の要素.

- 母集団を構成するここの要素を「個体」といい、その総数を母集団の大きさという.
- 母集団から標本を取り出すことを「抽出」といい、抽出された標本の要素の個数を標本の大きさという.

標本の抽出

無作為抽出：母集団の各要素が同じ確率で抽出されるようにする方法.

有意抽出　：過去の経験など関連する情報を参考にして抽出する方法.

- 1個の個体を抽出するたびに元に戻し、この操作を繰り返して標本を選ぶことを復元抽出という.
- 元に戻さずに続けて選び出すか、1度に選び出すことを非復元抽出という.

数学 B

例題 大きさ 10 の母集団 $\{1, 2, 3, 4, 5, 6, 7, 8, 9, 10\}$ から大きさ 2 の標本を抽出するとき,次の場合について抽出される標本は何通りあるか.

(1) 復元抽出の場合
(2) 非復元抽出で続けて取り出す場合
(3) 非復元抽出で同時に取り出す場合

解答

(1) $10^2 = 100$ (通り)   元に戻す
(2) $10 \times 9 = 90$ (通り)   元に戻さない
(3) $_{10}C_2 = 45$ (通り)   〃

8.7 母集団分布

no.177 母集団の変量とその分布

母集団分布

大きさ N の母集団において,変量 X の異なる値を

$x_1, x_2, \cdots, x_n$

とし,それぞれの値をとる個体が

$f_1, f_2, \cdots, f_n$

であるとする.

この母集団から 1 個の個体を無作為に抽出するとき,変量 X の値が x_i である確率を p_i とすると,

$$p_i = \frac{f_i}{N} \quad (i = 1, 2, \cdots, n)$$

であり,X の確率分布は下の表のようになる.

X	x_1	x_2	$\cdots$	x_n	計
P	p_1	p_2	$\cdots$	p_n	1

母平均・母分散・母標準偏差

母集団分布の平均 $E(X)$,分散 $V(X)$,標準偏差 $\sigma(X)$ をそれぞれ母平均,母分散,母標準偏差といい,m, σ^2, σ で表す.

母平均 $\displaystyle m = E(X) = \sum_{i=1}^{n} x_i p_i = x_1 p_1 + x_2 p_2 + \cdots + x_n p_n$

母分散 $\displaystyle \sigma^2 = V(X) = E\left((X-m)^2\right) = \sum_{i=1}^{n} (x_i - m)^2 p_i$
$= (x_1 - m)^2 p_1 + (x_2 - m)^2 p_2 + \cdots + (x_n - m)^2 p_n$
$= E(X^2) - \{E(X)\}^2$

母標準偏差 $\sigma = \sigma(X) = \sqrt{V(X)}$

数学B

例題 袋の中に 1, 2, 3, 4 の数字を書いたカードがそれぞれ 2 枚, 6 枚, 2 枚, 5 枚入っている. これを母集団として, 次の問いに答えよ.

(1) 母平均 m を求めよ.
(2) 母分散 σ^2 を求めよ.
(3) 母標準偏差 σ を求めよ.

解答

(1) 母集団の確率分布は右の表のようになるので,

X	1	2	3	4	計
P	$\dfrac{2}{15}$	$\dfrac{6}{15}$	$\dfrac{2}{15}$	$\dfrac{5}{15}$	1

$$m = 1 \cdot \frac{2}{15} + 2 \cdot \frac{6}{15} + 3 \cdot \frac{2}{15} + 4 \cdot \frac{5}{15}$$
$$= \frac{8}{3}$$

(2) $E(X^2) = 1^2 \cdot \dfrac{2}{15} + 2^2 \cdot \dfrac{6}{15} + 3^2 \cdot \dfrac{2}{15} + 4^2 \cdot \dfrac{5}{15} = \dfrac{124}{15}$ より,

$$\sigma^2 = \frac{124}{15} - \left(\frac{8}{3}\right)^2 = \frac{52}{45}$$

(3) $\sigma = \sqrt{\dfrac{52}{45}} = \dfrac{2\sqrt{65}}{15}$

8.8 標本平均の分布

no.178 標本平均の分布

標本平均

母集団から無作為抽出する大きさ n の標本の変量を X_1, X_2, $\cdots$, X_n とすると, これらの平均

$$\overline{X} = \frac{X_1 + X_2 + \cdots + X_n}{n}$$

を**標本平均**という. 標本平均 $\overline{X}$ は, 抽出された標本によって変化する確率変数である.

標本平均と母集団

母平均 m, 母分散 σ^2 の母集団から大きさ n の無作為標本を復元抽出するとき, 標本平均 $\overline{X}$ の

平均 $E(\overline{X}) = m$

分散 $V(\overline{X}) = \dfrac{\sigma^2}{n}$

である.

標本平均の分布

母平均 m, 母分散 σ^2 の母集団から無作為抽出された大きさ n の標本平均 $\overline{X}$ の分布は, n が大きければ, 正規分布 $N\left(m, \dfrac{\sigma^2}{n}\right)$ と見なすことができる.

数学 B

例題 ある高校の男子の平均身長は 173cm,標準偏差は 8cm の正規分布と考えることができる.この高校の男子の中から 16 人を復元抽出するとき,次の問いに答えよ.

(1) 抽出した 16 人について,平均の身長を $\overline{X}$ とするとき,$\overline{X}$ はどのような分布に従うか.

(2) $\overline{X}$ が 171cm 以上 175cm 以下である確率を求めよ.

解答

(1) 母平均 $m = 173$,母標準偏差 $\sigma^2 = 8$,標本の大きさ $n = 16$ より,

$$\text{平均} \quad E(\overline{X}) = 173 \quad \text{分散} \quad V(\overline{X}) = \frac{8^2}{16} = 2^2$$

より,$\overline{X}$ は正規分布 $N(173, 2^2)$ に従う.

(2) $Z = \dfrac{\overline{X} - 173}{2}$ と標準化すると,Z は標準正規分布 $N(0, 1)$ に従う.

よって,

$$\begin{aligned}
P(171 \leqq \overline{X} \leqq 175) &= P(-1 \leqq Z \leqq 1) \\
&= 2p(1) \\
&= 2 \cdot 0.3413 \\
&= 0.6826
\end{aligned}$$

8.9 母集団の推定

no.179 母平均の推定

大きさ n の標本平均を $\overline{X}$, 母標準偏差を σ とすると, 母平均 m に対する信頼度 95% の信頼区間は

$$\overline{X} - 1.96 \times \frac{\sigma}{\sqrt{n}} \leqq m \leqq \overline{X} + 1.96 \times \frac{\sigma}{\sqrt{n}}$$

となる.

また, 信頼度 99% の信頼区間は,

$$\overline{X} - 2.58 \times \frac{\sigma}{\sqrt{n}} \leqq m \leqq \overline{X} + 2.58 \times \frac{\sigma}{\sqrt{n}}$$

となる.

例題 ある畑で採れたイチゴの中から無作為に抽出した 100 個について重さを量ったところ, 平均は 13g, 標準偏差は 2g であった.

この畑で採れたイチゴの重さの平均 m を信頼度 95% で推定せよ.

解答

標本平均 $\overline{X} = 13$, 標本標準偏差 $s = 2$, 標本の大きさ $n = 100$ より,

$$13 - 1.96 \cdot \frac{2}{\sqrt{100}} \leqq m \leqq 13 + 1.96 \cdot \frac{2}{\sqrt{100}}$$

$$12.608 \leqq m \leqq 13.392$$

したがって, 12.6g 以上 13.4g

※ n が大きいときは, 母標準偏差 σ のかわりに標本標準偏差 s が代わりに用いられることが多い.

数学B

8.10 母比率の推定

no.180 母比率の推定

母集団の中で，ある性質 A をもつ個体割合を p とする．この p を，性質 A をもつ個体の母集団における**母比率**であるという．

この母集団から大きさ n の標本を無作為抽出し，その中で性質 A をもつものの個数を X とする．このとき，

$$\bar{p} = \frac{X}{n}$$

を**標本比率**という．

大きさ n の標本における比率を $\bar{p}$ とすると，母比率 p に対する信頼度 95% の信頼区間は，

$$\bar{p} - 1.96\sqrt{\frac{\bar{p}(1-\bar{p})}{n}} \leqq p \leqq \bar{p} + 1.96\sqrt{\frac{\bar{p}(1-\bar{p})}{n}}$$

となる．

また，信頼度 99% の信頼区間は，

$$\bar{p} - 2.58\sqrt{\frac{\bar{p}(1-\bar{p})}{n}} \leqq p \leqq \bar{p} + 2.58\sqrt{\frac{\bar{p}(1-\bar{p})}{n}}$$

となる．

例題 ある工場で作られている製品について，900 個を無作為に抽出して調べたところ，18 個が不良品であった．製品全体に対して，不良品の含まれる比率を信頼度 95% で推定せよ．

解答

$\bar{p} = \dfrac{18}{900} = 0.02$ より,

$$\sqrt{\dfrac{\bar{p}(1-\bar{p})}{900}} = \sqrt{\dfrac{0.02 \times 0.98}{900}} = \dfrac{7}{1500} \fallingdotseq 0.0047$$

よって,信頼度 95% の不良品が含まれる比率 p の信頼区間は

$$0.02 - 1.96 \times 0.0047 \leqq p \leqq 0.02 + 1.96 \times 0.0047$$
$$0.01079 \leqq p \leqq 0.02921$$

したがって,1.1% 以上 2.9% 以下.

正規分布表

u	.00	.01	.02	.03	.04	.05	.06	.07	.08	.09
0.0	0.0000	0..0040	0.0080	0.0120	0.0160	0.0199	0.0239	0.0279	0.0319	0.0359
0.1	0.0398	0.0438	0.0478	0.0517	0.0557	0.0596	0.0636	0.0675	0.0714	0.0753
0.2	0.0793	0.0832	0.0871	0.0910	0.0948	0.0987	0.1026	0.1064	0.1103	0.1141
0.3	0.1179	0.1217	0.1255	0.1293	0.1331	0.1368	0.1406	0.1443	0.1480	0.1517
0.4	0.1554	0.1591	0.1628	0.1664	0.1700	0.1736	0.1772	0.1808	0.1844	0.1879
0.5	0.1915	0.1950	0.1985	0.2019	0.2054	0.2088	0.2123	0.2157	0.2190	0.2224
0.6	0.2257	0.2291	0.2324	0.2357	0.2389	0.2422	0.2454	0.2486	0.2517	0.2549
0.7	0.2580	0.2611	0.2642	0.2673	0.2704	0.2734	0.2764	0.2794	0.2823	0.2852
0.8	0.2881	0.2910	0.2939	0.2967	0.2995	0.3023	0.3051	0.3078	0.3106	0.3133
0.9	0.3159	0.3186	0.3212	0.3238	0.3264	0.3289	0.3315	0.3340	0.3365	0.3389
1.0	0.3413	0.3438	0.3461	0.3485	0.3508	0.3531	0.3554	0.3577	0.3599	0.3621
1.1	0.3643	0.3665	0.3686	0.3708	0.3729	0.3749	0.3770	0.3790	0.3810	0.3830
1.2	0.3849	0.3869	0.3888	0.3907	0.3925	0.3944	0.3962	0.3980	0.3997	0.4015
1.3	0.4032	0.4049	0.4066	0.4082	0.4099	0.4115	0.4131	0.4147	0.4162	0.4177
1.4	0.4192	0.4207	0.4222	0.4236	0.4251	0.4265	0.4279	0.4292	0.4306	0.4319
1.5	0.4332	0.4345	0.4357	0.4370	0.4382	0.4394	0.4406	0.4418	0.4429	0.4441
1.6	0.4452	0.4463	0.4474	0.4484	0.4495	0.4505	0.4515	0.4525	0.4535	0.4545
1.7	0.4554	0.4564	0.4573	0.4582	0.4591	0.4599	0.4608	0.4616	0.4625	0.4633
1.8	0.4641	0..4649	0.4656	0.4664	0.4671	0.4678	0.4686	0.4693	0.4699	0.4706
1.9	0.4713	0.4719	0.4726	0.4732	0.4738	0.4744	0.4750	0.4756	0.4761	0.4767
2.0	0.4772	0.4778	0.4783	0.4788	0.4793	0.4798	0.4803	0.4808	0.4812	0.4817
2.1	0.4821	0.4826	0.4830	0.4834	0.4838	0.4842	0.4846	0.4850	0.4854	0.4857
2.2	0.4861	0.4864	0.4868	0.4871	0.4875	0.4878	0.4881	0.4884	0.4887	0.4890
2.3	0.4893	0.4896	0.4898	0.4901	0.4904	0.4906	0.4909	0.4911	0.4913	0.4916
2.4	0.4918	0.4920	0.4922	0.4925	0.4927	0.4929	0.4931	0.4932	0.4934	0.4936
2.5	0.4938	0.4940	0.4941	0.4943	0.4945	0.4946	0.4948	0.4949	0.4951	0.4952
2.6	0.49534	0.49547	0.49560	0.49573	0.49585	0.49598	0.49609	0.49621	0.49632	0.49643
2.7	0.49653	0.49664	0.49674	0.49683	0.49693	0.49702	0.49711	0.49720	0.49728	0.49736
2.8	0.49744	0.49752	0.49760	0.49767	0.49774	0.49781	0.49788	0.49795	0.49801	0.49807
2.9	0.49813	0.49819	0.49825	0.49831	0.49836	0.49841	0.49846	0.49851	0.49856	0.49861
3.0	0.49865	0.49869	0.49874	0.49878	0.49882	0.49886	0.49889	0.49893	0.49897	0.49900

▶ ギリシャ文字

大文字	小文字	読み方
A	α	アルファ
B	β	ベータ
Γ	γ	ガンマ
Δ	δ	デルタ
E	ϵ	イプシロン
Z	ζ	ゼータ
H	η	エータ
Θ	θ	シータ
I	ι	イオタ
K	κ	カッパ
Λ	λ	ラムダ
M	μ	ミュー

大文字	小文字	読み方
N	ν	ニュー
Ξ	ξ	クシー
O	o	オミクロン
Π	π	パイ
P	ρ	ロー
Σ	σ	シグマ
T	τ	タウ
Υ	υ	ウプシロン
Φ	φ	ファイ
X	χ	カイ
Ψ	ψ	プサイ
Ω	ω	オメガ

▶ 数の集合

$\mathbb{C}$	複素数 (Complex Number)
$\mathbb{Q}$	有理数 (Quotient)
$\mathbb{R}$	実数 (Real Number)
$\mathbb{N}$	自然数 (Natural Number)
$\mathbb{Z}$	整数 (Zahlen)

常用对数表（1）

数	0	1	2	3	4	5	6	7	8	9
1.0	0.0000	0.0043	0.0086	0.0128	0.0170	0.0212	0.0253	0.0294	0.0334	0.0374
1.1	0.0414	0.0453	0.0492	0.0531	0.0569	0.0607	0.0645	0.0682	0.0719	0.0755
1.2	0.0792	0.0828	0.0864	0.0899	0.0934	0.0969	0.1004	0.1038	0.1072	0.1106
1.3	0.1139	0.1173	0.1206	0.1239	0.1271	0.1303	0.1335	0.1367	0.1399	0.1430
1.4	0.1461	0.1492	0.1523	0.1553	0.1584	0.1614	0.1644	0.1673	0.1703	0.1732
1.5	0.1761	0.1790	0.1818	0.1847	0.1875	0.1903	0.1931	0.1959	0.1987	0.2014
1.6	0.2041	0.2068	0.2095	0.2122	0.2148	0.2175	0.2201	0.2227	0.2253	0.2279
1.7	0.2304	0.2330	0.2355	0.2380	0.2405	0.2430	0.2455	0.2480	0.2504	0.2529
1.8	0.2553	0.2577	0.2601	0.2625	0.2648	0.2672	0.2695	0.2718	0.2742	0.2765
1.9	0.2788	0.2810	0.2833	0.2856	0.2878	0.2900	0.2923	0.2945	0.2967	0.2989
2.0	0.3010	0.3032	0.3054	0.3075	0.3096	0.3118	0.3139	0.3160	0.3181	0.3201
2.1	0.3222	0.3243	0.3263	0.3284	0.3304	0.3324	0.3345	0.3365	0.3385	0.3404
2.2	0.3424	0.3444	0.3464	0.3483	0.3502	0.3522	0.3541	0.3560	0.3579	0.3598
2.3	0.3617	0.3636	0.3655	0.3674	0.3692	0.3711	0.3729	0.3747	0.3766	0.3784
2.4	0.3802	0.3820	0.3838	0.3856	0.3874	0.3892	0.3909	0.3927	0.3945	0.3962
2.5	0.3979	0.3997	0.4014	0.4031	0.4048	0.4065	0.4082	0.4099	0.4116	0.4133
2.6	0.4150	0.4166	0.4183	0.4200	0.4216	0.4232	0.4249	0.4265	0.4281	0.4298
2.7	0.4314	0.4330	0.4346	0.4362	0.4378	0.4393	0.4409	0.4425	0.4440	0.4456
2.8	0.4472	0.4487	0.4502	0.4518	0.4533	0.4548	0.4564	0.4579	0.4594	0.4609
2.9	0.4624	0.4639	0.4654	0.4669	0.4683	0.4698	0.4713	0.4728	0.4742	0.4757
3.0	0.4771	0.4786	0.4800	0.4814	0.4829	0.4843	0.4857	0.4871	0.4886	0.4900
3.1	0.4914	0.4928	0.4942	0.4955	0.4969	0.4983	0.4997	0.5011	0.5024	0.5038
3.2	0.5051	0.5065	0.5079	0.5092	0.5105	0.5119	0.5132	0.5145	0.5159	0.5172
3.3	0.5185	0.5198	0.5211	0.5224	0.5237	0.5250	0.5263	0.5276	0.5289	0.5302
3.4	0.5315	0.5328	0.5340	0.5353	0.5366	0.5378	0.5391	0.5403	0.5416	0.5428
3.5	0.5441	0.5453	0.5465	0.5478	0.5490	0.5502	0.5514	0.5527	0.5539	0.5551
3.6	0.5563	0.5575	0.5587	0.5599	0.5611	0.5623	0.5635	0.5647	0.5658	0.5670
3.7	0.5682	0.5694	0.5705	0.5717	0.5729	0.5740	0.5752	0.5763	0.5775	0.5786
3.8	0.5798	0.5809	0.5821	0.5832	0.5843	0.5855	0.5866	0.5877	0.5888	0.5899
3.9	0.5911	0.5922	0.5933	0.5944	0.5955	0.5966	0.5977	0.5988	0.5999	0.6010
4.0	0.6021	0.6031	0.6042	0.6053	0.6064	0.6075	0.6085	0.6096	0.6107	0.6117
4.1	0.6128	0.6138	0.6149	0.6160	0.6170	0.6180	0.6191	0.6201	0.6212	0.6222
4.2	0.6232	0.6243	0.6253	0.6263	0.6274	0.6284	0.6294	0.6304	0.6314	0.6325
4.3	0.6335	0.6345	0.6355	0.6365	0.6375	0.6385	0.6395	0.6405	0.6415	0.6425
4.4	0.6435	0.6444	0.6454	0.6464	0.6474	0.6484	0.6493	0.6503	0.6513	0.6522
4.5	0.6532	0.6542	0.6551	0.6561	0.6571	0.6580	0.6590	0.6599	0.6609	0.6618
4.6	0.6628	0.6637	0.6646	0.6656	0.6665	0.6675	0.6684	0.6693	0.6702	0.6712
4.7	0.6721	0.6730	0.6739	0.6749	0.6758	0.6767	0.6776	0.6785	0.6794	0.6803
4.8	0.6812	0.6821	0.6830	0.6839	0.6848	0.6857	0.6866	0.6875	0.6884	0.6893
4.9	0.6902	0.6911	0.6920	0.6928	0.6937	0.6946	0.6955	0.6964	0.6972	0.6981
5.0	0.6990	0.6998	0.7007	0.7016	0.7024	0.7033	0.7042	0.7050	0.7059	0.7067
5.1	0.7076	0.7084	0.7093	0.7101	0.7110	0.7118	0.7126	0.7135	0.7143	0.7152
5.2	0.7160	0.7168	0.7177	0.7185	0.7193	0.7202	0.7210	0.7218	0.7226	0.7235
5.3	0.7243	0.7251	0.7259	0.7267	0.7275	0.7284	0.7292	0.7300	0.7308	0.7316
5.4	0.7324	0.7332	0.7340	0.7348	0.7356	0.7364	0.7372	0.7380	0.7388	0.7396

▶ 常用对数表（2）

数	0	1	2	3	4	5	6	7	8	9
5.5	0.7404	0.7412	0.7419	0.7427	0.7435	0.7443	0.7451	0.7459	0.7466	0.7474
5.6	0.7482	0.7490	0.7497	0.7505	0.7513	0.7520	0.7528	0.7536	0.7543	0.7551
5.7	0.7559	0.7566	0.7574	0.7582	0.7589	0.7597	0.7604	0.7612	0.7619	0.7627
5.8	0.7634	0.7642	0.7649	0.7657	0.7664	0.7672	0.7679	0.7686	0.7694	0.7701
5.9	0.7709	0.7716	0.7723	0.7731	0.7738	0.7745	0.7752	0.7760	0.7767	0.7774
6.0	0.7782	0.7789	0.7796	0.7803	0.7810	0.7818	0.7825	0.7832	0.7839	0.7846
6.1	0.7853	0.7860	0.7868	0.7875	0.7882	0.7889	0.7896	0.7903	0.7910	0.7917
6.2	0.7924	0.7931	0.7938	0.7945	0.7952	0.7959	0.7966	0.7973	0.7980	0.7987
6.3	0.7993	0.8000	0.8007	0.8014	0.8021	0.8028	0.8035	0.8041	0.8048	0.8055
6.4	0.8062	0.8069	0.8075	0.8082	0.8089	0.8096	0.8102	0.8109	0.8116	0.8122
6.5	0.8129	0.8136	0.8142	0.8149	0.8156	0.8162	0.8169	0.8176	0.8182	0.8189
6.6	0.8195	0.8202	0.8209	0.8215	0.8222	0.8228	0.8235	0.8241	0.8248	0.8254
6.7	0.8261	0.8267	0.8274	0.8280	0.8287	0.8293	0.8299	0.8306	0.8312	0.8319
6.8	0.8325	0.8331	0.8338	0.8344	0.8351	0.8357	0.8363	0.8370	0.8376	0.8382
6.9	0.8388	0.8395	0.8401	0.8407	0.8414	0.8420	0.8426	0.8432	0.8439	0.8445
7.0	0.8451	0.8457	0.8463	0.8470	0.8476	0.8482	0.8488	0.8494	0.8500	0.8506
7.1	0.8513	0.8519	0.8525	0.8531	0.8537	0.8543	0.8549	0.8555	0.8561	0.8567
7.2	0.8573	0.8579	0.8585	0.8591	0.8597	0.8603	0.8609	0.8615	0.8621	0.8627
7.3	0.8633	0.8639	0.8645	0.8651	0.8657	0.8663	0.8669	0.8675	0.8681	0.8686
7.4	0.8692	0.8698	0.8704	0.8710	0.8716	0.8722	0.8727	0.8733	0.8739	0.8745
7.5	0.8751	0.8756	0.8762	0.8768	0.8774	0.8779	0.8785	0.8791	0.8797	0.8802
7.6	0.8808	0.8814	0.8820	0.8825	0.8831	0.8837	0.8842	0.8848	0.8854	0.8859
7.7	0.8865	0.8871	0.8876	0.8882	0.8887	0.8893	0.8899	0.8904	0.8910	0.8915
7.8	0.8921	0.8927	0.8932	0.8938	0.8943	0.8949	0.8954	0.8960	0.8965	0.8971
7.9	0.8976	0.8982	0.8987	0.8993	0.8998	0.9004	0.9009	0.9015	0.9020	0.9025
8.0	0.9031	0.9036	0.9042	0.9047	0.9053	0.9058	0.9063	0.9069	0.9074	0.9079
8.1	0.9085	0.9090	0.9096	0.9101	0.9106	0.9112	0.9117	0.9122	0.9128	0.9133
8.2	0.9138	0.9143	0.9149	0.9154	0.9159	0.9165	0.9170	0.9175	0.9180	0.9186
8.3	0.9191	0.9196	0.9201	0.9206	0.9212	0.9217	0.9222	0.9227	0.9232	0.9238
8.4	0.9243	0.9248	0.9253	0.9258	0.9263	0.9269	0.9274	0.9279	0.9284	0.9289
8.5	0.9294	0.9299	0.9304	0.9309	0.9315	0.9320	0.9325	0.9330	0.9335	0.9340
8.6	0.9345	0.9350	0.9355	0.9360	0.9365	0.9370	0.9375	0.9380	0.9385	0.9390
8.7	0.9395	0.9400	0.9405	0.9410	0.9415	0.9420	0.9425	0.9430	0.9435	0.9440
8.8	0.9445	0.9450	0.9455	0.9460	0.9465	0.9469	0.9474	0.9479	0.9484	0.9489
8.9	0.9494	0.9499	0.9504	0.9509	0.9513	0.9518	0.9523	0.9528	0.9533	0.9538
9.0	0.9542	0.9547	0.9552	0.9557	0.9562	0.9566	0.9571	0.9576	0.9581	0.9586
9.1	0.9590	0.9595	0.9600	0.9605	0.9609	0.9614	0.9619	0.9624	0.9628	0.9633
9.2	0.9638	0.9643	0.9647	0.9652	0.9657	0.9661	0.9666	0.9671	0.9675	0.9680
9.3	0.9685	0.9689	0.9694	0.9699	0.9703	0.9708	0.9713	0.9717	0.9722	0.9727
9.4	0.9731	0.9736	0.9741	0.9745	0.9750	0.9754	0.9759	0.9763	0.9768	0.9773
9.5	0.9777	0.9782	0.9786	0.9791	0.9795	0.9800	0.9805	0.9809	0.9814	0.9818
9.6	0.9823	0.9827	0.9832	0.9836	0.9841	0.9845	0.9850	0.9854	0.9859	0.9863
9.7	0.9868	0.9872	0.9877	0.9881	0.9886	0.9890	0.9894	0.9899	0.9903	0.9908
9.8	0.9912	0.9917	0.9921	0.9926	0.9930	0.9934	0.9939	0.9943	0.9948	0.9952
9.9	0.9956	0.9961	0.9965	0.9969	0.9974	0.9978	0.9983	0.9987	0.9991	0.9996

索引 INDEX

記号・数字・英字

Σ 172
2円の交点を通る円 62
2直線の位置関係 50
2直線の交点を通る直線 54
2倍角の公式 86
3倍角の公式 91
complex number 24
imaginary number 24

あ行

一次独立 214
位置ベクトル 205, 233
一般項 162
因数 22
因数定理 35
延長型 213, 236
円と直線の位置関係 60
円の接線の方程式 57
円の方程式 55, 223

か行

階差数列 177
解と係数の関係 30
外分点 48
確率分布 256
確率変数 256
確率変数の和と積 263
確率密度関数 268
加法定理 83
関数の決定 153
関数の増減 137
期待値 257
帰納的定義 184
基本ベクトル表示 209
逆ベクトル 202
球の方程式 249
共役な複素数 25
共線条件 213, 236
共面条件 236
極限 126
極限値 126
極限の性質 128
極小 140
極大 140
極値 140
虚数単位 24
虚部 24
空間座標 226
空間のベクトル 230
群 182
群数列 182
係数比較法 39
結合法則 203
原始関数 145
項 162
交換法則 203
公差 163
高次方程式の解法 36
公比 166
異なる2つの虚数解をもつ ... 28
異なる2つの実数解をもつ ... 28
弧度法 68

さ行

座標平面 226
三角関数の還元公式 74

三角関数のグラフ 77
三角関数の合成 93
三角関数の相互関係 71
三角関数の定義 69
三角形の面積 219
指数関数 104
指数法則 101
実部 24
重解をもつ 28
純虚数 24
常用対数 122
剰余の定理 34
初項 162
真数 109
数学的帰納法 195
数値代入法 39
数列 162
数列の和 172
正規分布 271
正規分布の標準化 272
正規分布表 283
整式の恒等式 39
整式の除法 20
正の実数 109
成分による計算 210, 231
積分定数 146
積を和・差になおす公式 ... 95
接線の方程式 134
零ベクトル 202
漸化式 184
全数調査 275
相加平均 44
増減表 138
相乗平均 44

た行・な行

対数 109
対数関数とそのグラフ 115
対数の性質 111
単位ベクトル 202
端点 144
抽出 275
通分 22
定積分 147
定積分の公式 149
底の変換 113
点と直線の距離 52
導関数 131
導関数の符号 137
等差数列 163
等差数列の和 164
等差中項 170
等式の証明 41
等比数列 166
等比数列の和 168
等比中項 170
内積の演算規則 216
内積の定義 241
内分点 48
二項定理 18
二項分布 265

は行

媒介変数 221, 247
半角の公式 88
判別式 28
微分係数 129

微分公式 132
標準正規分布 272
標準偏差 ... 260, 262, 269, 271
標本 275
標本調査 275
標本比率 282
標本平均 279
複素数 24
複素数の四則演算 26
不定積分 146
不等式の表す領域 63
不等式の証明 43
負の数の平方根 27
分散 260, 262, 269, 279
文字式 22
分点 48
分点の位置ベクトル 205
分点の座標 228
分配法則 203
分布曲線 268
平均 257, 262, 269, 271, 279
平面の方程式 252
ベクトル 202
　演算 202
　大きさ 202, 210, 216, 231
　計算方法 203
　差 202
　実数倍 202
　成分 209
　成分表示 209
　相等 202, 209, 230
　内積 216
　平行 204
　和 202
ベクトルが垂直になる条件 ... 216
方向ベクトル 221
放射型 213, 236
法線ベクトル 223, 252
母集団 275
母集団分布 277
母標準偏差 277
母比率の推定 282
母分散 277
母平均 277
母平均の推定 281

ま行 − わ行

末項 162
無作為抽出 275
面積 156
約分 22
有意抽出 275
有理式 22
ラジアン 68
累乗根 100
累乗の和 174
連続的な確率変数 268
連立不等式の表す領域 ... 65
和・差を積になおす公式 ... 97
和の記号 172

287

■ 著者略歴

斎藤　峻（さいとう　しゅん）

・大手進学塾数学講師．
・県立高校卒業後，国立大学の理系学部に進学するも挫折．
・心機一転，私立大学の文系学部に進学．
・真面目に勉強をして，大学院に進学し研究職を目指す．
・博士後期課程進学後，指導教授とぎくしゃくし挫折．
・大学院時代から続けていた塾講師で生きていくことを決意．
・いろいろな挫折を経験するも，塾講師だけは楽しく続けることができている．
・中3から高3までの数学を担当．高3は，文系数学がメイン．

◆ カバー　　下野ツヨシ（ツヨシ＊グラフィックス）
◆ 本文　　　BUCH⁺

数II・B
定理・公式ポケットリファレンス

2015年8月10日　初版　第1刷発行

著　者　斎藤　峻
発行者　片岡　巌
発行所　株式会社技術評論社
　　　　東京都新宿区市谷左内町 21-13
　　　　電話　03-3513-6150　販売促進部
　　　　　　　03-3267-2270　書籍編集部
印刷／製本　日経印刷株式会社

定価はカバーに表示してあります。

本書の一部または全部を著作権法の定める範囲を越え、無断で複写、複製、転載、テープ化、ファイルに落とすことを禁じます。

© 2015 斎藤峻

造本には細心の注意を払っておりますが、万一、乱丁（ページの乱れ）や落丁（ページの抜け）がございましたら、小社販売促進部までお送りください。送料小社負担にてお取り替えいたします。

ISBN978-4-7741-7460-0　C7041
Printed in Japan

●本書へのご意見、ご感想は、技術評論社ホームページ(http://gihyo.jp/)または以下の宛先へ書面にてお受けしております。電話でのお問い合わせにはお答えいたしかねますので、あらかじめご了承ください。

〒162-0846
東京都新宿区市谷左内町 21-13
株式会社技術評論社書籍編集部
『数II・B　定理・公式ポケットリファレンス』係